백종원이 추천하는 집밥 메뉴 55

.... 님께

....

....

.... 드림

백종원이 추천하는
집밥 메뉴 55

초판 1쇄 발행 2017년 04월 10일
초판 49쇄 발행 2024년 08월 16일

지은이 백종원

발행인 심정섭
편집장 신수경
디자인 박수진
사진 김철환(요리) 곽기곤(인물)
스타일링 **스타일링** 김상영 이빛나리 장연지(noda+) 최지현
그릇 협찬 다이닝오브제('코리안 모던 다이닝 스타일'. www.diningobjet.com 1666-6745)
마케팅 김호현
제작 정수호

발행처 (주)서울문화사 | **등록일** 1988년 12월 16일 | **등록번호** 제2-484호
주소 서울시 용산구 한강대로 43길 5 (우)04376
구입문의 02-791-0708 | **팩시밀리** 02-749-4079
이메일 book@seoulmedia.co.kr
블로그 smgbooks.blog.me | **페이스북** www.facebook.com/smgbooks/

ISBN 978-89-263-6602-8(13590)

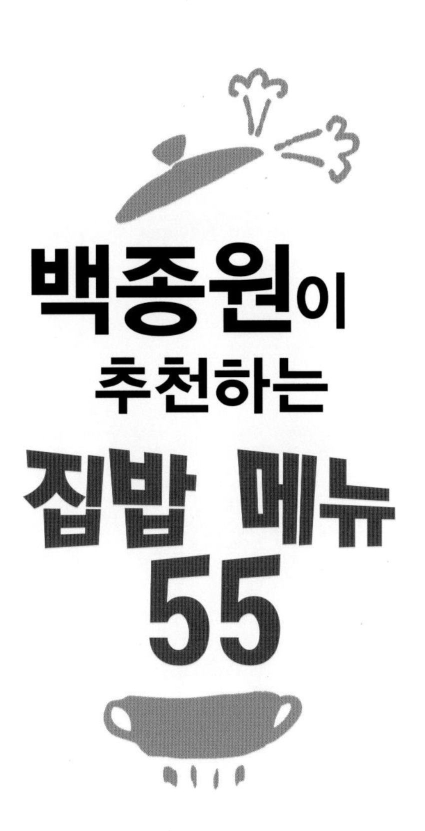

백종원이 추천하는 집밥 메뉴 55

백종원 지음

서울문화사

PROLOGUE

저만의 요리 노하우와 레시피를 담은 '백종원이 추천하는 집밥 메뉴' 시리즈가 어느새 세 번째 출간을 앞두고 있습니다. 부족한 저의 레시피를 따라해 주시고 좋아해 주신 많은 분들의 성원이 없었다면 여기까지 오지 못했을 것입니다. 늘 함께해 주시는 독자 여러분께 감사의 마음을 전합니다.

요리에 어려움을 느끼는 많은 사람들에게 쉽고 맛있는 요리를 만들 수 있는 지름길을 알려 주자는 생각으로 만들기 시작했던 것이 바로 '만능'시리즈입니다. 사실 많은 요리들이 비슷한 기본양념을 사용합니다. 그래서 기본양념의 맛있는 비율을 찾아서 미리 배합한 만능양념을 준비해 두면, 재료만 손질하고 준비된 만능양념을 섞어서 뚝딱 요리를 완성할 수 있습니다. 이렇게 하면, 맛이 없어서 실패할 확률도 적어지고, 조리 과정도 간단해져서, 요리에 자신감을 얻을 수 있겠다는 생각한 것입니다. 또한 소개해 드리는 만능양념들은 실제로 제가 편리하게 사용하고 있는 것들이기도 해서, 많은 분들과 나누고 싶었습니다.

앞서 《백종원이 추천하는 집밥 메뉴 54》에서 소개해 드렸던 '만능간장'이 만능시리즈의 시작이었습니다. 많은 분들이 요리에 도움을 받았다고 해 주셔서 용기를 얻어 이번 책에서도 소개해 보려고 합니다. 먼저 '만능된장'은 간장 베이스 양념과는 또 다른 된장 베이스의 만능양념입니다. 된장은 채소와 궁합이 좋아서 대부분의 채소 요리에 잘 어울립니다. 덤으로 강된장 같은 된장 요리까지 쉽게 만들 수 있습니다. 그 외에도 많은 분들이 궁금해 하면서도 가까이 다가가기 어려워하는 파스타 메뉴에 유용하게 쓰이는 '만능오일'도 소개해 드립니다. 그리고 고기를 재우는 과정 없이, 양념과 바로 끓이면 되는 '만능고기소스' 레시피도 수록했습니다.

책에서 소개해 드리는 만능양념과 요리 레시피는 모두 간을 강하게 잡은 편입니다. 간이 강해야 요리가 더 맛있게 느껴져서 요리에 자신감이 붙고 재미를 맛볼 수 있습니다. 누차 말씀드렸듯이 이는 요리에 부담감과 거리감을 느끼는 요리 초보자들을 위한 배려입니다. 어느 정도 요리에 자신감이 붙은 분들, 기본 조리 과정에 숙달된 분들은 자신만의 기준에 따라 간을 조절해서 요리하시길 권합니다.

제가 이런저런 만능시리즈들에 대해 연구하고 개발 과정을 거쳐 세상에 내놓는 이유, 그리고 같은 요리라도 더 쉽고 간단한 조리법을 찾기 위해 노력하는 이유는 한 가지입니다. 좀 더 많은 사람들이 직접 요리를 하고, 요리의 즐거움을 알게 되고, 요리해 주는 사람에 대한 고마움도 느끼게 되어 결국 우리나라 음식 문화가 한 단계 높아졌으면 하는 바람 때문입니다. 음식 문화의 수준이 높아져야 사람들의 행복지수도 높아진다고 생각합니다. 이처럼 우리 모두가 조금씩 더 행복해지기를 바라는 마음을 담아 이 책을 만들었습니다. 그 마음이 많은 사람들에게 전해졌으면 합니다.

세 번째 책인 만큼 기본적인 요리에 익숙하신 분들을 위해 다소 생소할 수도 있는 외국 메뉴와 조리 과정이 살짝 복잡한 메뉴도 포함시켰습니다. 아무쪼록 요리에 대한 관심과 애정이 지속되고, 더불어 가족의 행복도 지속되길 바랍니다.

2017년 4월

백종원

집밥 기본기 다지기

* 마요네즈 * 토마토케첩

* 버터 * 우스터소스

* 잼

* 춘장 * 계핏가루

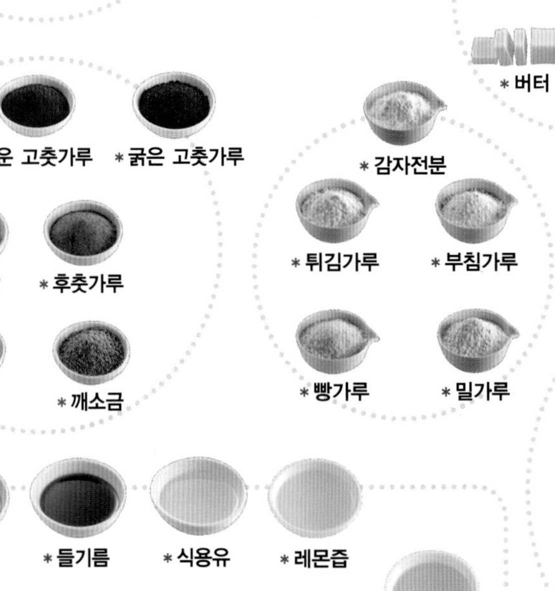

* 참기름 * 들기름 * 식용유 * 레몬즙

* 맛술

* 멸치액젓 * 새우젓 * 올리브유 * 식초

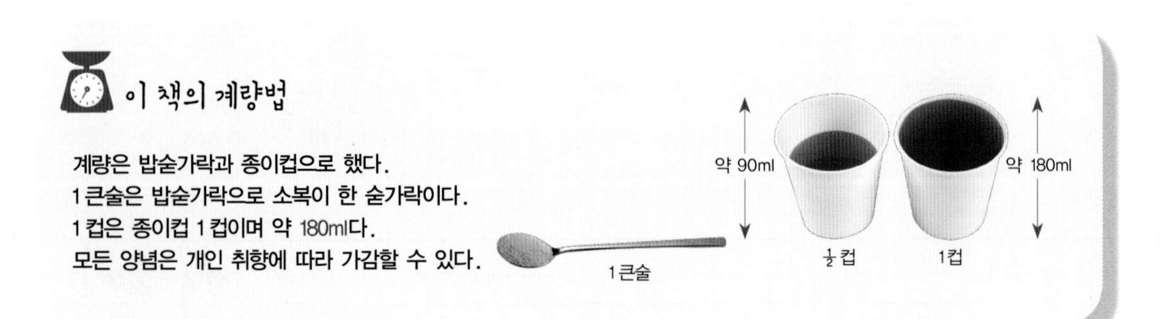

이 책의 계량법

계량은 밥숟가락과 종이컵으로 했다.
1큰술은 밥숟가락으로 소복이 한 숟가락이다.
1컵은 종이컵 1컵이며 약 180ml다.
모든 양념은 개인 취향에 따라 가감할 수 있다.

 진간장과 국간장을 구분하자!

VS

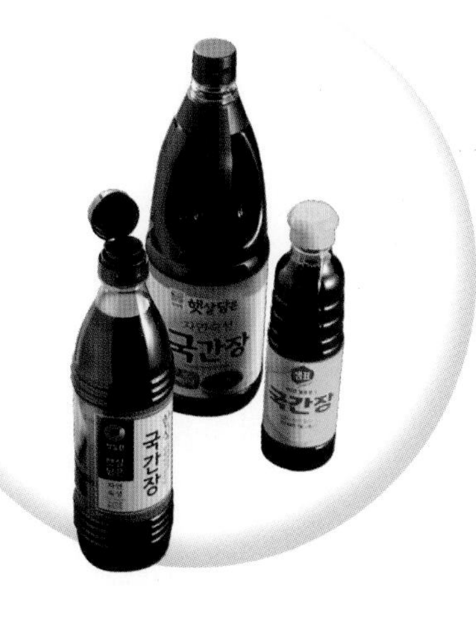

* 진간장은 단맛과 감칠맛이 더 나는 간장이고, 국간장은 단맛 없이 짠맛과 향이 더 진한 간장이다.
* 진간장은 양조간장이라고도 부르며, 무침, 조림 등에 두루 쓰인다.
* 국간장은 조선간장이라고도 부르며 된장에 소금을 넣고 발효시킨 것이다.
  국, 찌개, 나물 등의 간을 맞추고 깊은 맛과 향을 낼 때 쓴다.
* 취향에 따라 진간장과 국간장은 2:1이나 3:1 정도로 섞어서 쓸 수도 있다.
* 어떤 간장이든 간장이 들어가면 국물의 색이 탁해진다는 것도 알아 두자.
  맑은 색의 국물을 원한다면 간장은 소량만 쓰고 소금으로 간을 맞춰야 한다.

두 가지 고춧가루의 쓰임새를 알고 사용하자!

* 말린 고추를 빻아서 만든 고춧가루에는
  거칠게 빻은 굵은 고춧가루와
  고운 고춧가루 두 가지 종류가 있다.
* 색을 곱게 낼 때는 고운 고춧가루를 쓰고
  김치나 찌개를 맛있어 보이게 하는
  시각적 효과가 필요할 때는
  굵은 고춧가루를 쓰는 것이 효과적이다.
* 두 가지를 구입하기 어렵다면 구분하지 않고
  사용해도 된다.

만능된장으로 만든 밑반찬

행복한 한 그릇, 일품요리

집밥 3장 따뜻한 사랑을 담은, 국물요리

집밥 4장 집밥이 풍성해지는, 반찬과 간식

부

집밥 1장

만능된장으로 만든 밑반찬

초간단 만능된장의 대활약!

냉장고에 남아 있는 자투리 채소나
저렴하고 맛있는 제철 채소에 만능된장을 넣고
잘 섞기만 하면 고소하고 감칠맛 나는 다양한 반찬이 완성된다.
5~10분 만에 누구나 쉽게 만들 수 있는
만능된장을 활용한 즉석반찬을 만나 보자.

만능된장 만들기

요리의 자신감을 높여 주는 만능된장!
채소를 찍어 먹거나 찌개를 끓여 먹던 된장이
다양한 반찬을 만들 수 있는 만능소스로 변신했다.
만능된장 하나만 있으면 냉장고에 있는
모든 채소가 맛있는 반찬이 된다.

1. 재료 준비하기

된장 : 통깨 : 간 마늘 = 5 : 5 : 1

* 된장은 염도가 높아서 염도 조절이 힘들다.
  된장 반찬은 짠맛을 잡는 것이 핵심인데,
  만능된장은 짠맛을 잡기 위해 통깨를 활용하였다.
* 집된장은 시판용 된장보다 염도가 더 높을 수 있으니 주의하자.

된장 5큰술
통깨 5큰술
간 마늘 1큰술
황설탕 ½큰술
참기름 2큰술

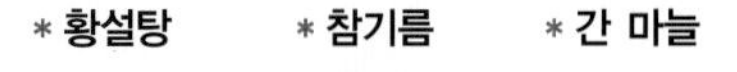

*** 된장** *** 통깨**

2. 만능된장 만들기

1 통깨를 준비한다.

2 통깨를 갈아서 고소한 향을 살린다.

3 볼에 된장, 간 마늘, 갈아 놓은 깨를 넣는다.

4 황설탕과 참기름을 넣는다.

5 재료를 잘 섞는다.

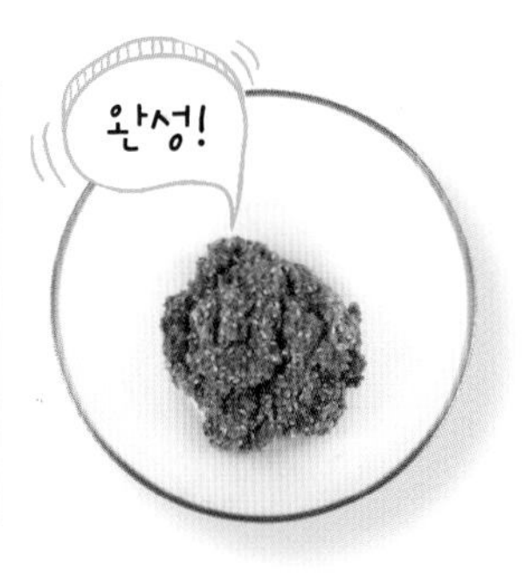

3. 만능된장 활용과 보관

1

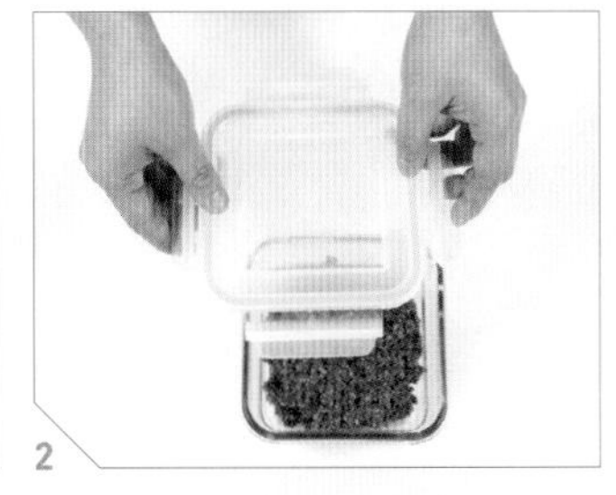

2

* 어떤 채소든 만능된장을 활용하면
  맛있고 다양한 반찬이 완성된다.
  쑥갓, 마늘종, 오이고추 등 책에 나오지 않은
  다양한 제철 채소를 활용해 보자.
* 무침뿐만 아니라 생선통조림이나
  멸치 등을 활용한 강된장을 만들 때도
  만능된장만 있으면 쉽게 완성할 수 있다.
* 만능된장은 밀폐용기에 담아 냉장 보관하면
  2~3주 정도 두고 먹을 수 있다.

오이무침

오이 1개(220g)
만능된장 1큰술 (25g)
굵은 고춧가루 ½큰술

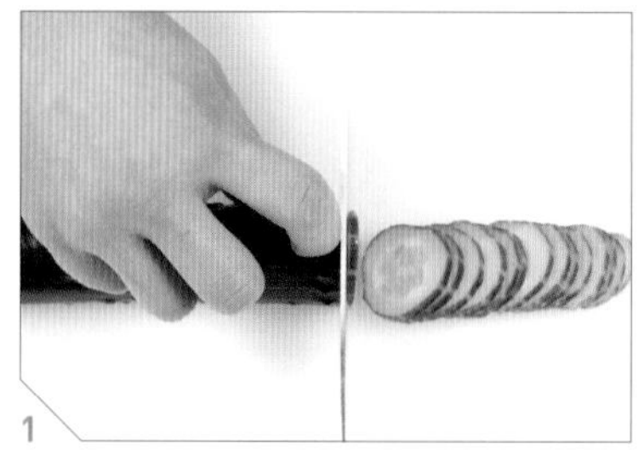

1
오이를 0.5cm 두께로 썬다.

2
볼에 썰어 놓은 오이를 넣고, 만능된장을 넣는다.

3
굵은 고춧가루를 넣어 색을 더한다.

4
볼에 담긴 오이에 양념이 잘 배도록 무쳐서 완성한다.

달래무침

달래 2컵(60g)
만능된장 1큰술 (25g)

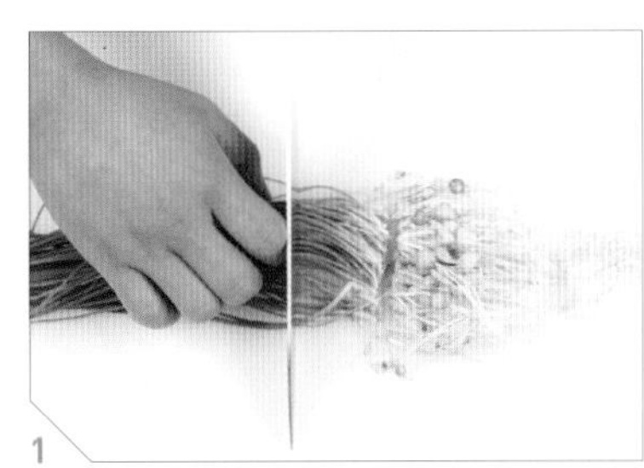

1 달래를 4cm 길이로 썬다.

2 볼에 썬 달래를 담는다.

3 달래가 담긴 볼에 만능된장을 넣는다.

4 볼에 담긴 달래에 양념이 잘 배도록 무쳐서 완성한다.

가지무침

POINT

그냥도 먹기 좋은 생채소는
만능된장을 넣고 무치면 끝이다.
가지는 한 번 익힌 후에
만능된장을 넣고 무치면 된다.
가지와 식감이 비슷한 새송이버섯,
표고버섯 같은 버섯류도
같은 방법으로 조리가 가능하다.

가지 1개(100g)
청양고추 1개(10g)
만능된장 1큰술(25g)
참기름 2큰술

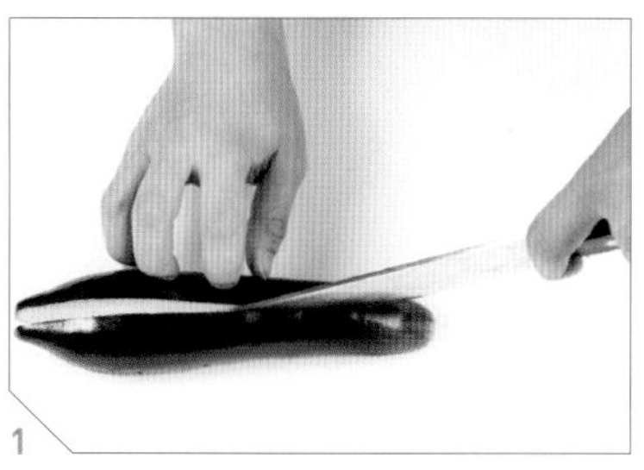

1 꼭지를 떼고, 손질한 가지를 반으로 가른다.

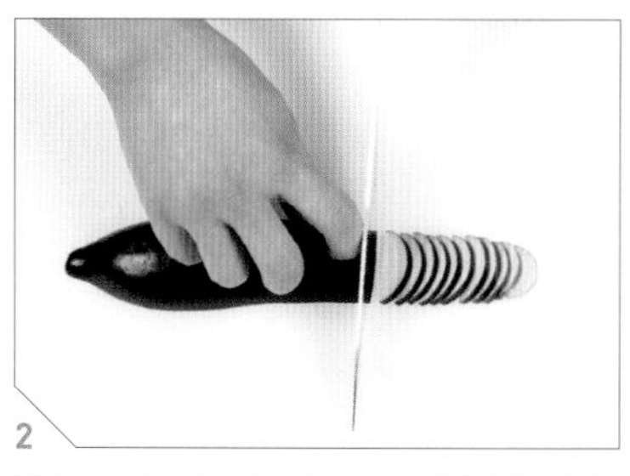

2 반으로 가른 가지를 0.5cm 두께의 반달 모양으로 썬다.

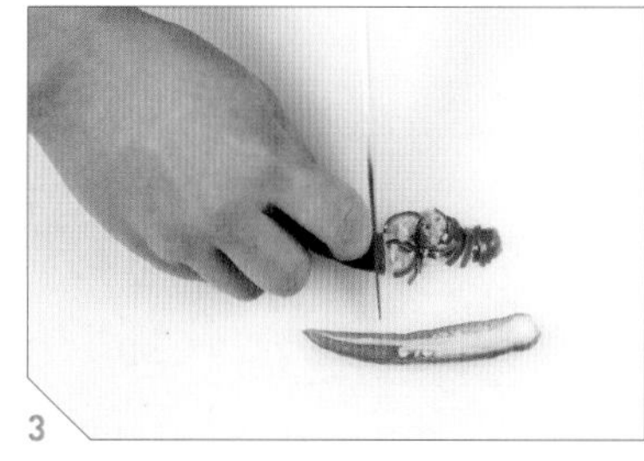

3 청양고추는 길게 반 갈라 0.3cm 두께로 얇게 썬다.

4 넓은 팬을 약불에서 달군 후 참기름을 두른다.

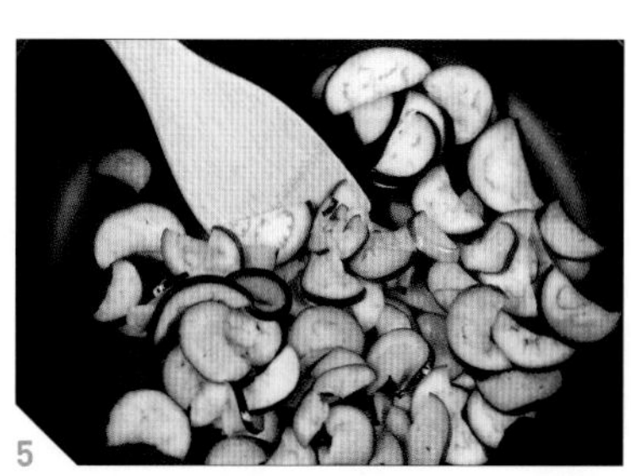

5 참기름을 두른 팬에 썰어 둔 가지를 넣고 살짝 볶는다.

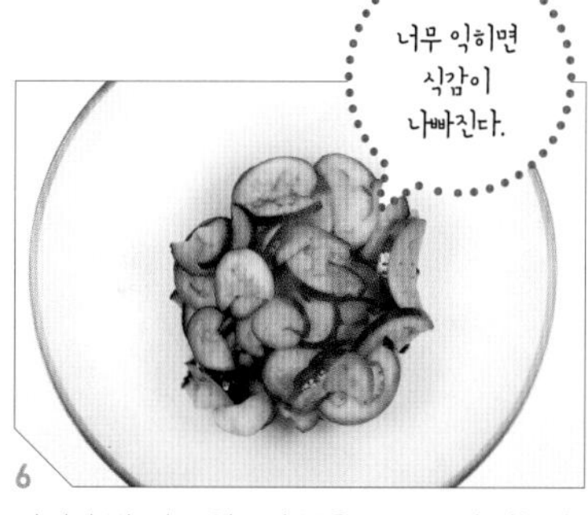

6 가지가 반 정도 익으면 불을 끄고 볼에 담는다.

마늘처럼 딱딱한 재료를 만능된장과 무칠 때는 무친 후 냉장고에서 하루나 이틀 정도 숙성시킨 후에 먹으면 좋다.

7 가지가 담긴 볼에 청양고추와 만능된장을 넣는다.

8 볼에 담긴 가지에 양념이 잘 배도록 무쳐서 완성한다.

미나리무침

상큼한 미나리도 초고추장이 아닌 된장 무침이 가능하다.
살짝 데친 후 만능된장을 넣고 무치기만 하면 끝.
미나리의 상큼한 향과 된장의 구수한 향이 섞여
밥 생각이 절로 나는 반찬이 된다.

미나리 12줄기(66g)
(물 4컵 + 꽃소금 $\frac{1}{3}$큰술)
만능된장 1큰술 (25g)

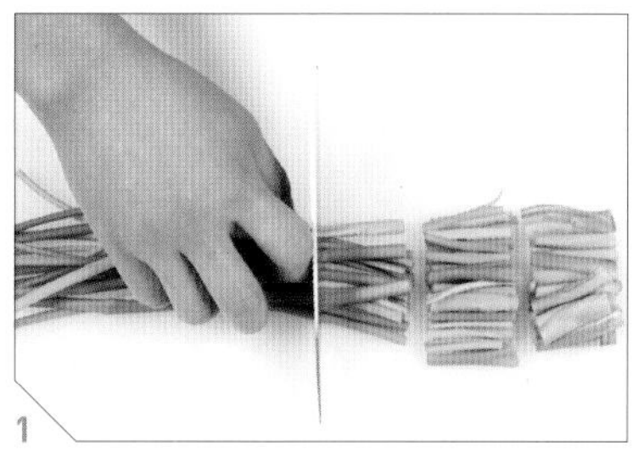

1 미나리를 5cm 길이로 먹기 좋게 썬다.

2 냄비에 물을 붓고 끓인다.

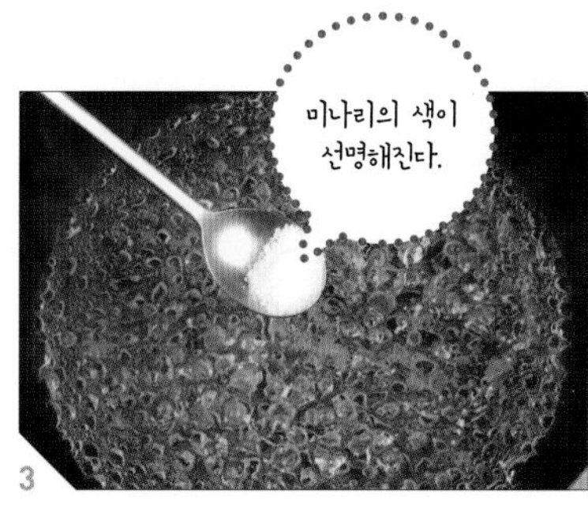

3 물이 끓으면 꽃소금을 넣는다.

4 끓는 물에 미나리를 넣는다.

5 미나리를 1~2분 정도 살짝 데친다.

6 데친 미나리를 찬물에 헹군다.

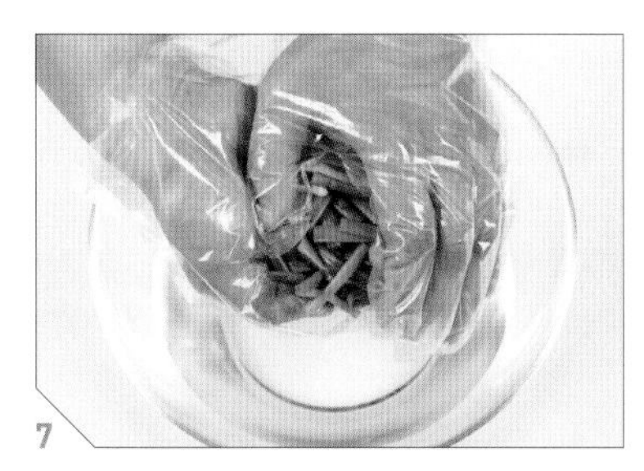

7 미나리를 손으로 꼭 짜서 물기를 충분히 제거한다.

8 볼에 물기를 제거한 미나리와 만능된장을 넣는다.

9 볼에 담긴 미나리에 양념이 잘 배도록 무쳐서 완성한다.

된장달걀볶음

집에 달걀 말고는 아무것도 없는 날,
밥에 비벼 먹을 수 있는 맛있는 반찬이다.
스크램블 에그에 된장의 짭짤하고 구수한 맛이 더해져
색다른 매력을 풍긴다.

달걀 2개
대파 $\frac{1}{4}$대 (25g)
만능된장 1큰술 (25g)
식용유 2큰술

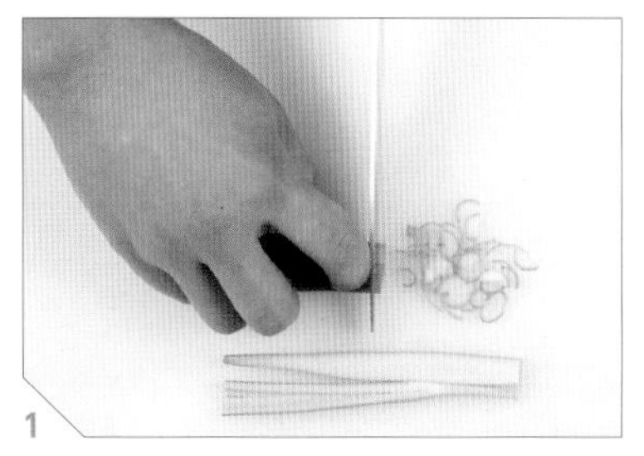

1
대파는 길게 반 가른 후 0.3cm 두께로 얇게 썬다.

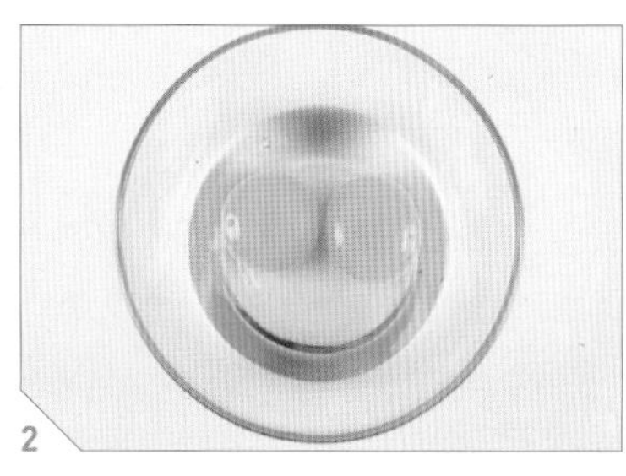

2
볼에 달걀을 미리 깨 둔다.

3
넓은 팬에 식용유를 두른다.

4
대파를 넣고 불을 켠 후 강불에서 파기름을 낸다.

5
파기름에 깨 놓은 달걀을 넣는다.

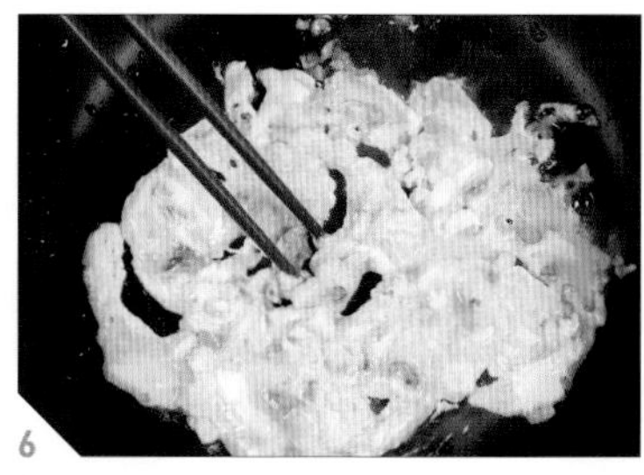

6
스크램블을 만들듯 젓가락으로 달걀을 휘휘 저으며 익힌다.

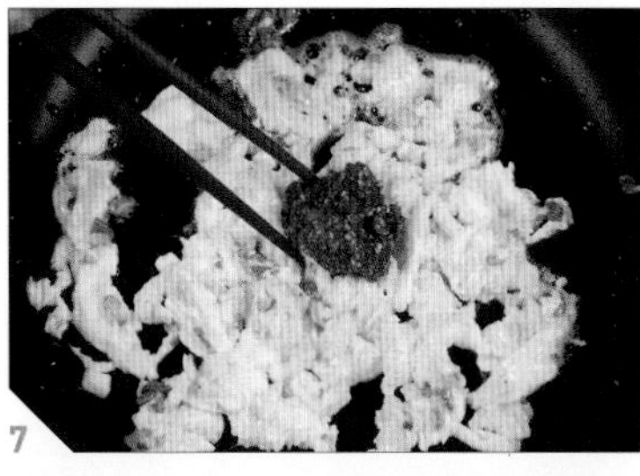

7
달걀이 반쯤 익었을 때 만능된장을 넣는다.

8
달걀과 만능된장이 잘 섞이도록 젓가락으로 볶아서 완성한다.

된장달걀볶음은 밥에 비벼 먹을 수도 있지만, 쌈장으로 활용할 수도 있다. 달걀이 섞여 있어 다른 쌈장보다 맛이 훨씬 부드럽다.

멸치강된장

만능된장과 멸치를 이용해서 만든 강된장이다.
쌈장으로 사용할 수도 있고, 밥에 비벼 먹어도 맛있다.

국물용 멸치 13마리 (30g)
만능된장 2큰술 (50g)
쌀뜨물 $\frac{2}{3}$컵(120ml)

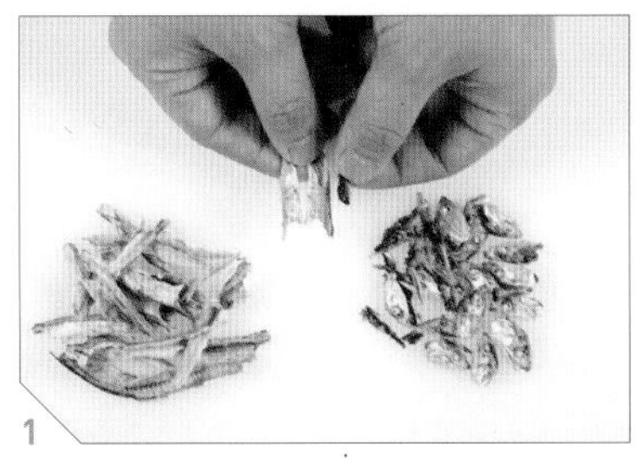

1 국물용 멸치의 머리와 내장을 제거한다.

2 뚝배기에 멸치와 만능된장을 넣는다.

3 뚝배기에 쌀뜨물을 붓는다.

4 재료가 잘 섞이도록 숟가락으로 젓는다.

5 강불에서 재료를 잘 섞어 가며 끓인다.

6 국물이 끓어오르면 중불로 줄인 후 적당히 졸여서 완성한다.

멸치 외에 고등어, 참치, 꽁치통조림을 활용한 강된장을 만들 수도 있다. 생선통조림의 뼈를 바르고 잘게 부순 후 만능된장과 쌀뜨물을 넣고 끓이면 완성이다. 통으로 된 멸치의 식감이 싫다면, 믹서로 갈아서 멸치가루(멸치가루 만들기 111쪽 참조)를 만든 후 사용하면 된다. 취향에 따라 양파, 애호박, 대파 등 채소도 함께 넣고 끓여도 된다.

집밥 2장

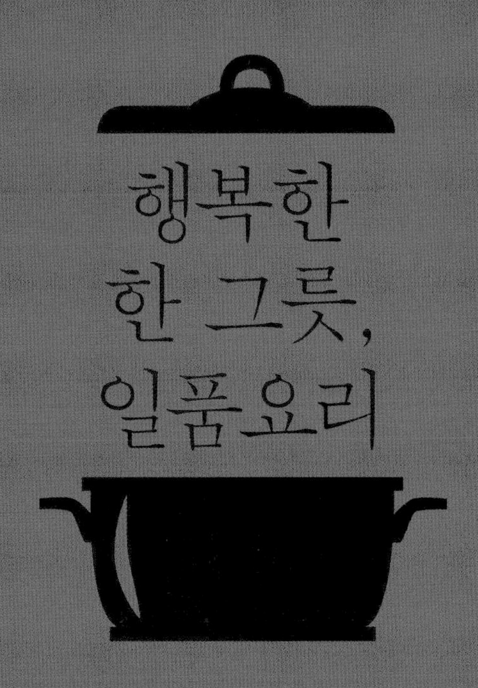

한 그릇으로
뚝딱 한 끼 해결 !

매일 먹어도 질리지 않는 김치볶음밥,
건새우볶음밥, 굴밥, 무밥을 쉽고 맛있게 만드는 법!
그리고 사 먹어야 한다고만 생각했던
짜장면, 짬뽕, 칼국수, 파스타, 스테이크까지!
이제 집에서 만들어서 행복하게 즐겨 보자.

짜장면

POINT

맛, 가격, 비주얼
어느 것 하나 빠지지 않는
홈메이드 중화요리 첫 번째!
맛있는 짜장면의 핵심은
춘장을 기름을 많이 붓고
튀기듯 오래 볶아야
한다는 것이다.

춘장 볶기

춘장 1봉지 (300g)
식용유 2컵 (360ml)

재료(4인분)

생면 4인분 (640g)
돼지고기 (찌개용) 1컵 (140g)
대파 1컵 (60g)
양파 3컵 (270g)
양배추 3컵 (150g)
돼지호박 2컵 (140g)
오이 적당량 (고명용)
볶은 춘장 $\frac{2}{3}$컵 (120g)
진간장 3큰술
황설탕 4큰술
식용유 $\frac{1}{2}$컵
(90ml, 춘장 볶고 따라 낸 식용유 사용)
물 18컵 (3,240ml)
(짜장 만들기용 2컵, 생면 삶기용 16컵)

전분물

감자전분 1큰술
물 4큰술

1. 춘장 볶기

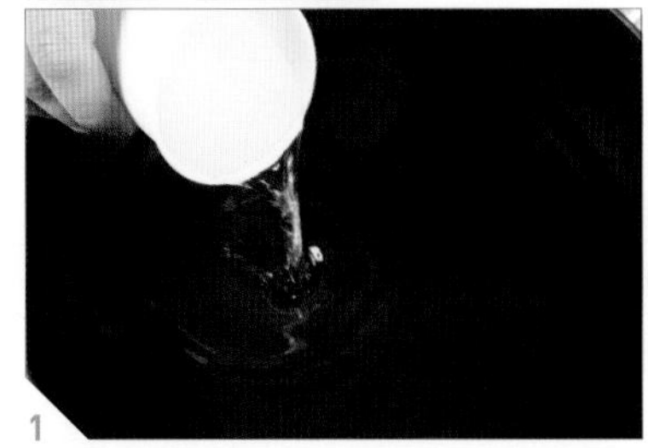

1 깊은 팬에 식용유를 붓는다.

2 식용유가 담긴 팬에 춘장을 짜 넣는다.

3 주걱으로 춘장을 골고루 섞어 주며 약불에서 튀기듯 볶는다.

4 식용유가 보글보글 끓기 시작한 후로 10~15분 정도 더 볶는다.

5 불을 끄고 춘장에서 식용유를 따라 내고 사용한다.

춘장을 사서 그대로 먹는 것보다는 튀기듯 볶아서 먹는 것이 훨씬 고소하고 맛있다.
한 번 볶아 둔 춘장은 냉장고에서 짧게는 2~3개월, 길게는 1년까지도 보관 가능하다.

짜장면에 윤기를 내고 싶다면, 마지막에 식용유를 살짝 뿌려 주면 된다.

2. 짜장면 만들기

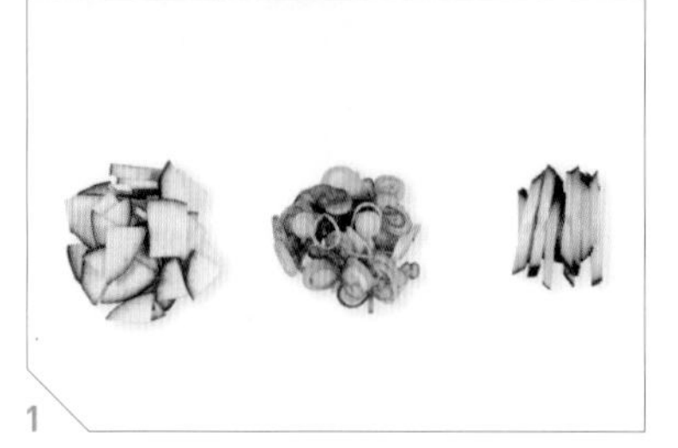

1 돼지호박은 길게 6등분한 후 0.5cm 두께로, 대파는 0.3cm 두께로 얇게 썬다. 오이는 두께 0.4cm, 길이 5cm로 채 썬다.

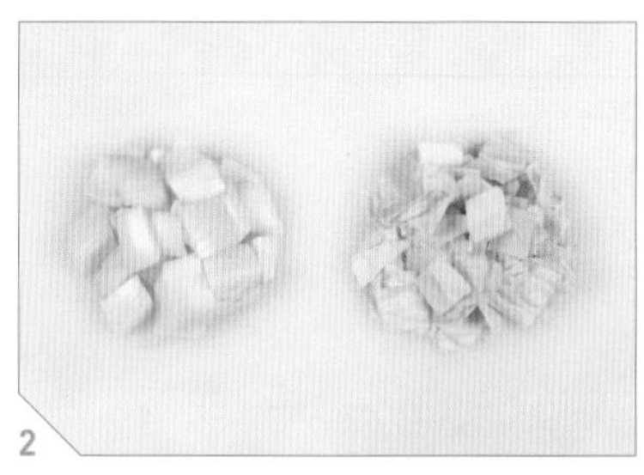

2 양파와 양배추는 가로, 세로 2cm의 사각형으로 썬다.

3 감자전분과 물 4큰술을 섞은 후 잘 저어서 전분물을 만든다.

4 깊은 팬에 따라 둔 식용유와 썬 대파를 넣고 불을 켠 후 강불에서 볶아 파기름을 낸다.

5 파기름에 돼지고기를 넣고 잘 섞으며 볶는다.

6 돼지고기의 지방과 파기름이 잘 어우러졌을 때 진간장을 팬 가장자리에 빙 둘러 넣는다.

7 양파를 넣고 양파가 투명하게 익을 때까지 볶는다.

8 양파가 투명해지면 돼지호박, 양배추를 넣고 잘 섞으며 볶는다.

9

채소가 익으면, 황설탕을 넣고, 볶은 춘장을 조금씩 넣어 가며 양을 조절하면서 볶는다.

10

재료가 잘 섞이고 짜장 향이 올라오면, 물 2컵을 붓고 3~5분 정도 끓인다.

11

끓고 있는 짜장소스에 전분물을 조금씩 넣어 저으면서 농도를 조절하여 소스를 완성한다.

면 삶기

12

생면을 물에 살짝 씻어서 건져 내어 전분가루를 제거한다.

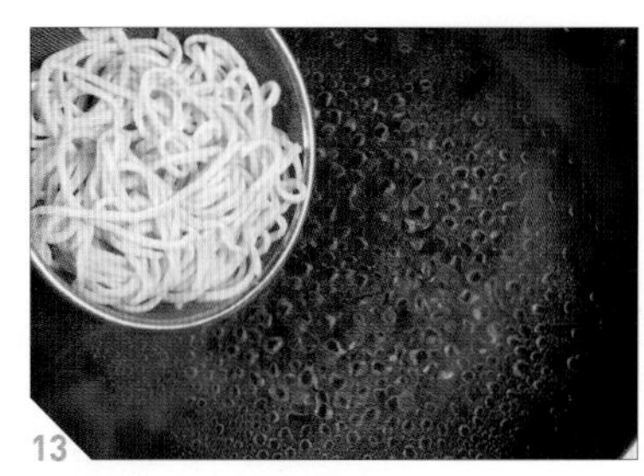

13

냄비에 물 15컵을 넣고 팔팔 끓인 후 생면을 넣는다.

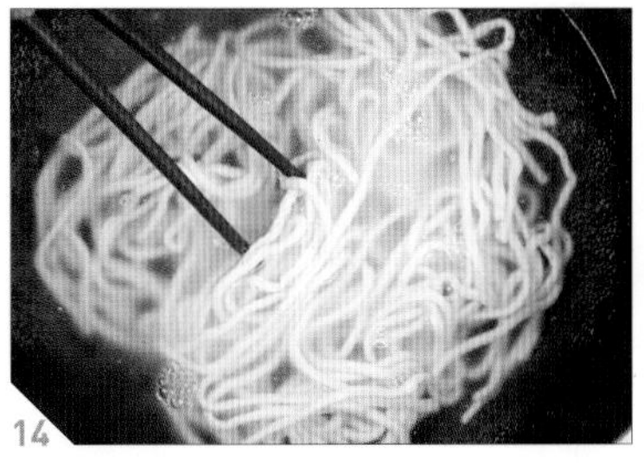

14

면을 젓가락으로 풀며 끓이다가, 한 번 끓어오르면 찬물 $\frac{1}{2}$컵을 붓고 익힌다.

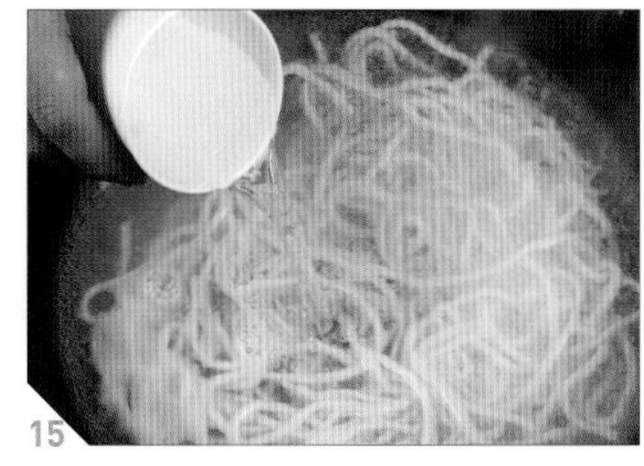

15

물이 다시 끓어오르면 찬물 $\frac{1}{2}$컵을 한 번 더 붓고 끓인다.

16

물이 세 번째로 끓어오르면 불을 끄고 면을 건져 내고, 찬물에 한 번 헹군 후 체에 밭쳐 둔다.

17

그릇에 면을 살짝 틀듯이 동그랗게 담는다.

18

면에 준비된 짜장소스를 붓고 채 썬 오이를 올려서 완성한다.

짬뽕

POINT

짬뽕은 개운하고 시원하면서도 매콤하여
짜장면과 함께 중국집의 인기 메뉴다.
집에서도 짬뽕을 만들어 보자.

재료(4인분)

생면 4인분 (640g)
돼지고기채 1컵 (150g)
오징어 2컵 (260g)
홍합 28개 (280g)
청양고추 2개 (20g)
부추 1컵 (35g)
대파 1컵 (60g)
양파 2컵 (140g)
양배추 2컵 (120g)
당근 1컵 (60g)
돼지호박 2컵 (170g)
간 생강 약간
굵은 고춧가루 1컵 (90g)
진간장 3큰술
꽃소금 $1\frac{1}{2}$큰술
후춧가루 $\frac{1}{5}$큰술
식용유 $\frac{1}{2}$컵 (90ml)
물 24컵 (4,320ml)
(짬뽕 국물 만들기용 8컵, 생면 삶기용 16컵)

1
양파와 양배추는 0.4cm 두께로 썰고, 돼지호박과 당근은 두께 0.4cm, 길이 6cm로 채 썬다.

2
청양고추는 0.4cm 두께로, 대파는 0.3cm 두께로 얇게 썰고, 부추는 6cm 길이로 썬다.

3
오징어는 깨끗이 손질하여 반 갈라 1cm 두께로 채 썰고, 홍합은 튀어나온 수염(족사)을 제거하고 씻어 둔다.
(오징어 손질하기 61쪽 참조)

4
깊은 팬에 식용유, 대파, 간 생강을 넣고 불을 켠다.

5
강불에서 대파와 간 생강을 볶아 파기름을 낸다.

6
파기름에 돼지고기채를 넣고 함께 볶는다.

7
고기가 하얗게 익으면 오징어를 넣고 잘 섞으며 볶는다.

8
오징어가 익으면, 진간장을 팬 가장자리에 빙 둘러 넣는다.

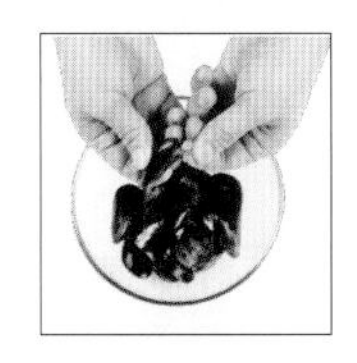

홍합의 수염(족사)은 먹을 수 없는 부분이다. 잡아당겨서 제거해야 한다.

9 양배추와 양파를 넣고 함께 볶는다.

10 양파가 투명하게 익으면 당근과 돼지호박을 넣는다.

11 청양고추를 넣고 잘 섞으며 볶는다.

12 굵은 고춧가루를 넣은 후 잘 섞어 가며 볶는다.

13 물 8컵을 붓는다.

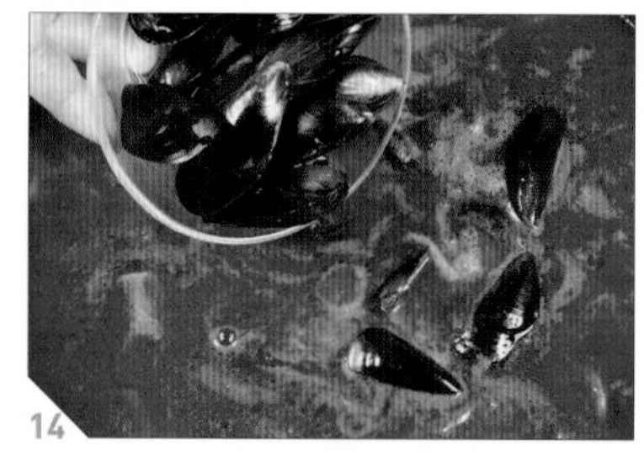

14 국물에 손질해 둔 홍합을 넣는다.

15 후춧가루와 꽃소금을 넣어 간을 한 후 끓인다.

16 국물이 끓어오르면 부추를 넣어 짬뽕 국물을 완성한다.

Tip

면은 시판용 칼국수면이나 생면을 사용하면 된다. 면 모양이 넙적한 것보다는 둥근 것이 식감이 더 좋다. 면을 삶은 후에 바로 찬물에 헹궈야 잘 붇지 않는다. 면을 헹군 후 물이 스며들기 전에 바로 끓는 물에 넣어야 한다.

면 삶기

17 생면을 물에 살짝 씻어서 건져 내어 전분가루를 제거한다.

18 냄비에 물 15컵을 넣고 팔팔 끓인 후 생면을 넣는다.

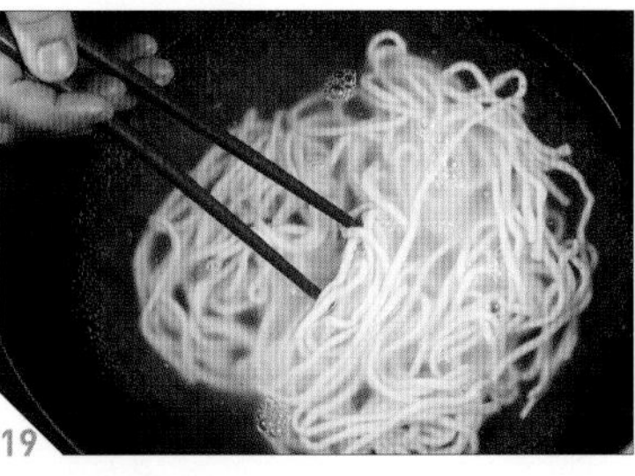

19 면을 젓가락으로 풀며 끓이다가, 한 번 끓어오르면 찬물 $\frac{1}{2}$컵을 붓고 익힌다.

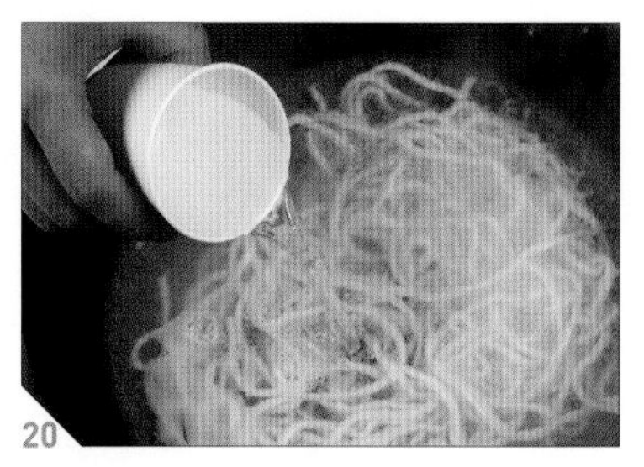

20 물이 다시 끓어오르면 찬물 $\frac{1}{2}$컵을 한 번 더 붓고 끓인다.

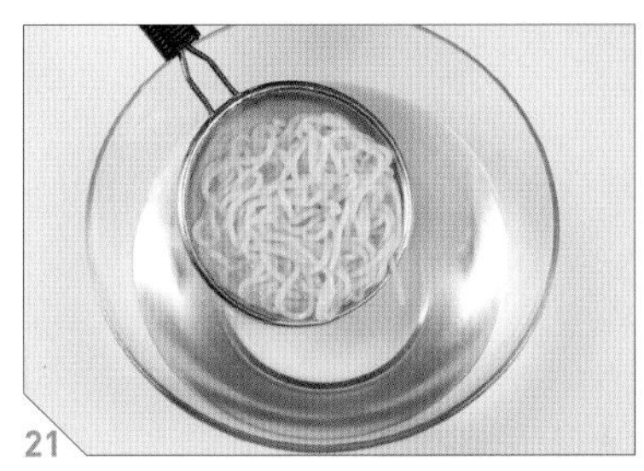

21 물이 세 번째로 끓어오르면 불을 끄고 면을 건져 내고, 찬물에 한 번 헹군 후 체에 밭쳐 둔다.

22 그릇에 면을 살짝 틀듯이 동그랗게 담는다.

23 면에 짬뽕 국물과 건더기를 부어서 완성한다.

중국식볶음밥

중국집에서
짜장면, 짬뽕 다음으로
인기 있는 메뉴가
아마 볶음밥일 것이다.
간단한 재료로 쉽게 만드는
볶음밥 조리법을 만나 보자.

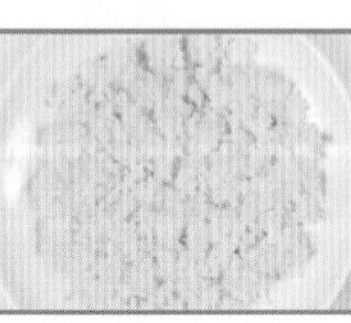

중국식볶음밥의 핵심은 기름 코팅이 된 살아 있는 밥알이다.
이를 위해서는 반드시 밥을 식혀서 사용해야 한다. 밥을 넓은 접시에 펴서 식히면 된다. 만약 시간이 없다면, 밥을 냉동실에 살짝 넣어서 식히자.

달걀 3개
밥 2공기 (400g)
대파 1컵 (60g)
당근 2큰술 (30g)
진간장 1큰술
꽃소금 약간
후춧가루 약간
참기름 $\frac{1}{4}$큰술
식용유 $\frac{1}{4}$컵 (45ml)

1
밥은 미리 접시에 펴서 식혀 두고, 달걀은 볼에 깨 둔다. 대파는 0.3cm 두께로 얇게 썰고, 당근은 사방 0.3cm 두께로 사각형으로 썬다.

2
넓은 팬에 식용유와 대파를 넣고 불을 켠 후 강불에서 볶아 파기름을 낸다.

3
익은 대파를 한쪽으로 밀고, 빈 공간에 깨 둔 달걀을 넣는다.

4
스크램블을 만들듯 주걱으로 달걀을 저으며 골고루 익힌다.

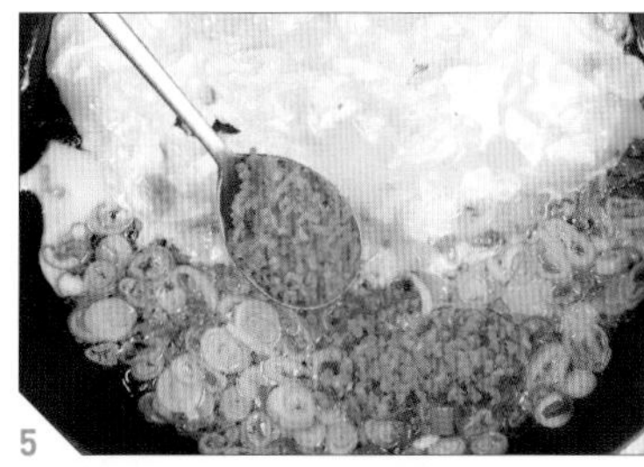

5
당근을 파기름 위에 올린 후 섞으며 볶는다.

6
달걀이 익으면 재료를 다 같이 골고루 섞은 후 진간장을 팬 가장자리에 빙 둘러 넣는다.

7
식혀 둔 밥을 넣고 재료와 섞은 후, 국자로 누르면서 볶아 준다.

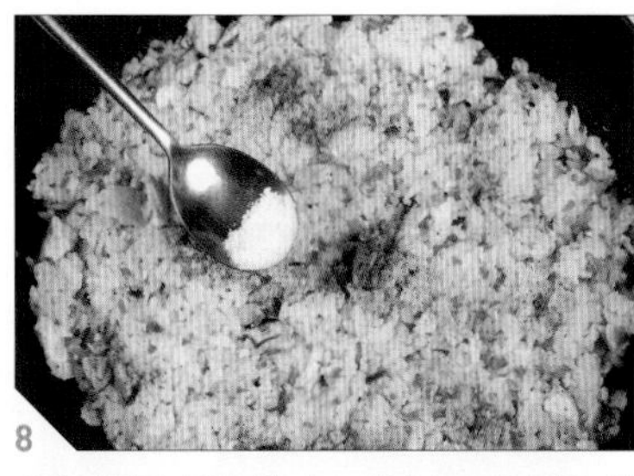

8
후춧가루를 살짝 뿌리고, 꽃소금으로 간을 맞춘다.

9
참기름을 살짝 넣고 섞어서 완성한다.

김치볶음밥

POINT

어느 집에나 있는 재료로 누구나 도전할 수 있는 쉬운 한 그릇 요리!
대파와 김치만으로 맛을 낸 김치볶음밥 조리법이다.

볶음밥은 계속 볶아야 한다는 선입견을 버리자.
김치만 강불에서 잘 볶고, 밥은 불을 끄고 여유롭게 비빈다고 생각하면 된다.
대파는 가급적 흰 부분을 사용하고 생각보다 많이 넣을수록 맛있다.

신김치 1컵 (130g)
밥 2공기 (400g)
달걀 2개
대파 (흰 부분) $\frac{1}{2}$컵 (30g)
굵은 고춧가루 1큰술
진간장 2큰술
꽃소금 약간
황설탕 $\frac{1}{2}$큰술
참기름 $\frac{1}{2}$큰술
(볶음용 $\frac{1}{4}$큰술, 마무리용 $\frac{1}{4}$큰술)
깨소금 $\frac{1}{3}$큰술
식용유 $\frac{1}{3}$컵 (60ml)

1
밥은 미리 접시에 펴서 식혀 둔다. 볼에 신김치를 넣고 가위로 최대한 잘게 자른다. 대파는 0.3cm 두께로 얇게 썬다.

2
넓은 팬에 식용유를 두르고 강불로 충분히 달군 후 팬을 앞으로 살짝 기울여 기름에 튀기듯 달걀 프라이를 한다.

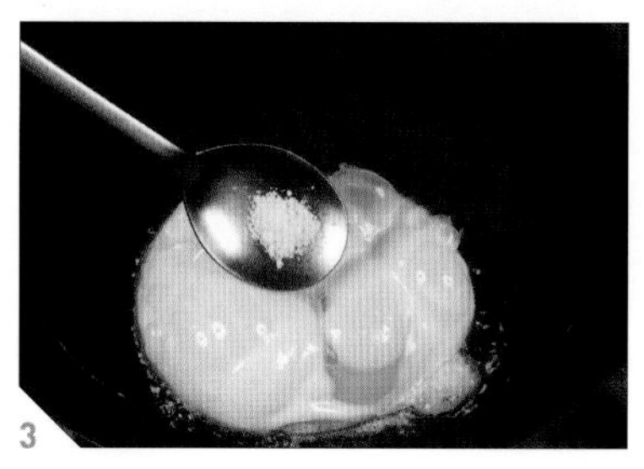

3
달걀 프라이에 꽃소금을 뿌린 후 접시에 담아 둔다.

4
팬에 식용유와 대파를 넣고 불을 켠 후 강불에서 볶아 파기름을 낸다.

5
파기름에 김치와 굵은 고춧가루를 넣고 함께 볶는다.

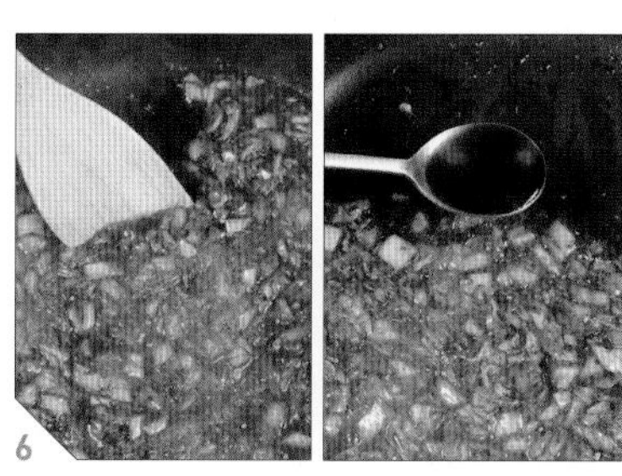

6
김치를 팬 한쪽으로 밀고, 빈 공간에 진간장을 넣고 살짝 눌린 후 김치와 다시 섞는다.

7
김치에 물기가 없이 잘 볶아지면 불을 끄고 황설탕을 넣고 잘 섞는다.

8
불을 끈 상태에서 식혀 둔 밥을 넣고 김치와 잘 섞는다.

9
다시 불을 켜고 강불에서 살짝 볶은 뒤 참기름 $\frac{1}{4}$ 큰술을 넣고 잘 섞는다.

10
그릇에 완성된 김치볶음밥을 담고, 준비해 둔 달걀 프라이를 올린 후 깨소금과 참기름 $\frac{1}{4}$ 큰술을 올려서 완성한다.

건새우볶음밥

다른 재료 없이 건새우, 달걀, 대파만 사용한 초간단 볶음밥이다.
건새우를 믹서기로 갈아서 딱딱한 식감은 없애고, 새우 향으로 감칠맛을 살려 보았다.

건새우 1컵(30g)
밥 2공기(400g)
달걀 4개
대파 1대(100g)
진간장 1큰술
꽃소금 약간
식용유 6큰술

볶음밥을 할 때 간장으로 간을 한다면 항상 팬 가장자리에서 간장을 살짝 눌려서 향을 내는 것을 잊지 말자.

1
달걀은 볼에 깨 두고, 건새우를 믹서기에 넣고 갈아서 새우가루를 만든다. 밥은 미리 접시에 펴서 식혀 둔다.
(새우가루 만들기 111쪽 참조)

2
대파는 반 가른 후 0.3cm 두께로 얇게 썬다.

3
깊은 팬에 대파와 식용유를 넣고 불을 켠 후 강불에서 파기름을 낸다.

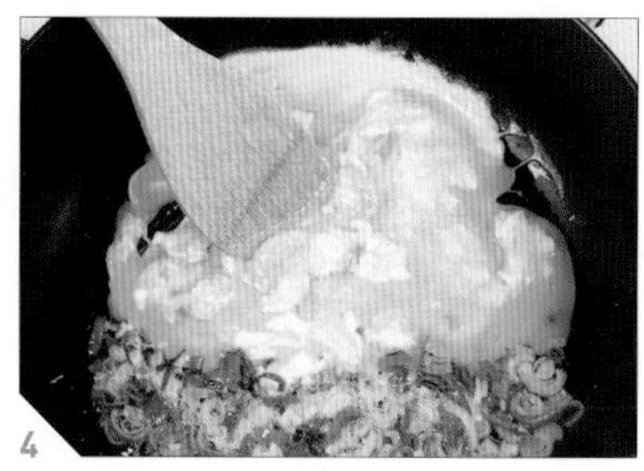

4
대파가 익으면 대파를 한쪽으로 밀고, 빈 공간에 깨 둔 달걀을 넣고 스크램블을 하듯 주걱으로 저으며 골고루 익힌다.

5
파기름 위에 새우가루를 뿌리고 파와 가루를 잘 섞으며 튀기듯 익힌다.

6
새우 향이 충분히 올라오면 꽃소금을 넣고, 모든 재료를 다 같이 잘 섞는다.

7
식혀 둔 밥을 넣는다.

8
국자로 누르면서 밥을 볶아 준다.

9
팬 한쪽에 진간장을 넣고 살짝 눌린 후 밥과 섞어서 완성한다.

소고기튀김덮밥

불고기용 소고기가 애매하게 조금 남았을 때
만들 수 있는 요리로,
훌륭한 한 끼 식사가 된다.

재료 (4인분)

소고기(불고기용) 4컵(360g)
밥 4공기(800g)
쪽파 4대(40g)
튀김가루 1$\frac{1}{3}$컵(약 133g)
꽃소금 약간
후춧가루 약간
식용유 1통(1.8L)

소스

우스터소스 1큰술
진간장 $\frac{1}{4}$컵(45ml)
황설탕 1$\frac{1}{2}$큰술
식초 3큰술
맛술 3큰술

1 쪽파는 0.5cm 두께로 송송 썬다.

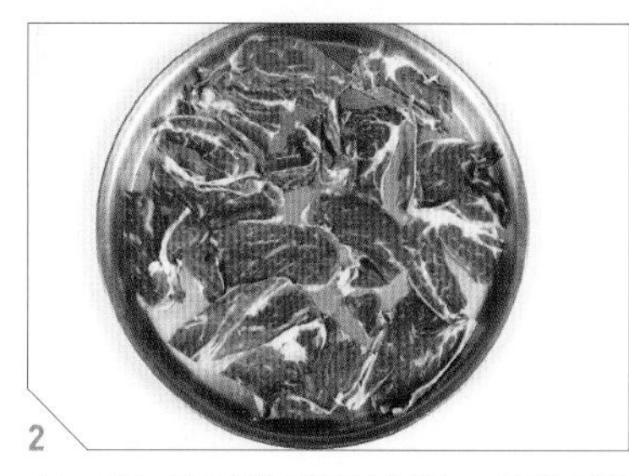

2 소고기를 한 장씩 떼어서 넓은 그릇에 펼쳐 놓는다.

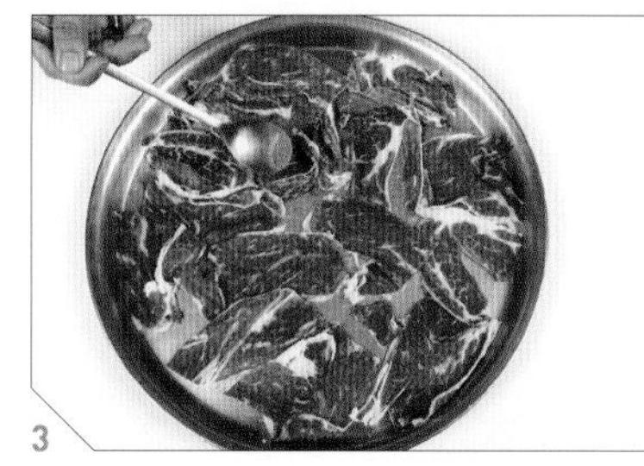

3 소고기에 꽃소금과 후춧가루로 밑간을 한다.

4 진간장, 식초, 맛술, 황설탕, 우스터소스를 섞어 소스를 만든다.

5 넓은 볼에 튀김가루를 넣고, 양손으로 소고기에 튀김가루를 골고루 입힌다.

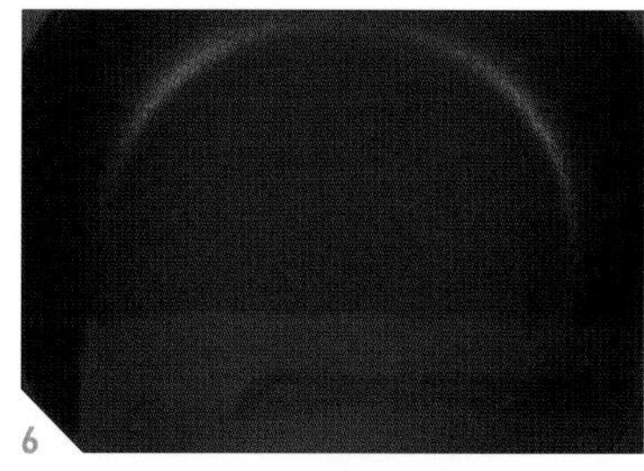

6 깊은 팬에 식용유를 붓고 강불에서 달궈 준다.

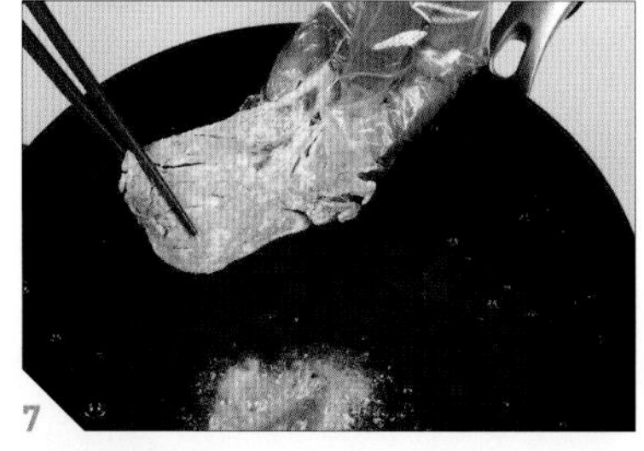

7 튀김가루를 묻힌 소고기를 손으로 넓게 펴서 달군 식용유에 넣는다.

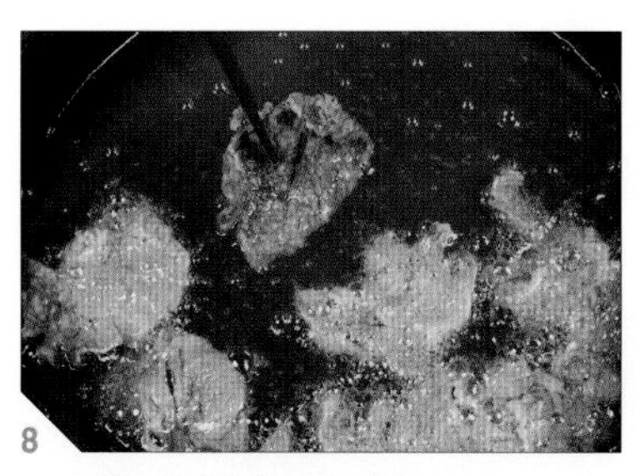

8 소고기를 바삭하게 튀겨 낸다.

9 그릇에 밥을 담고, 소고기튀김을 올린 후 쪽파와 소스를 골고루 뿌려서 완성한다.

무밥

POINT

전기압력밥솥으로 밥을 할 때
채 썬 무와 버섯만 더해 주면
향긋하고 달콤한 무밥을 즐길 수 있다.

불린 쌀 4컵(500g)
마른 표고버섯 3개(15g)
무 3컵(330g)
물 3컵(540ml)

대파 ½대(50g)
청양고추 2개(20g)
홍고추 ½개(5g)
간 마늘 ½큰술
진간장 ¾컵(135ml)
황설탕 1큰술
참기름 1큰술
깨소금 1½큰술

무밥의 핵심은 물 조절이다. 무처럼 수분이 많은 채소를 함께 넣고 밥을 할 때는 평소보다 물을 적게 넣어야 한다는 것을 잊지 말자.

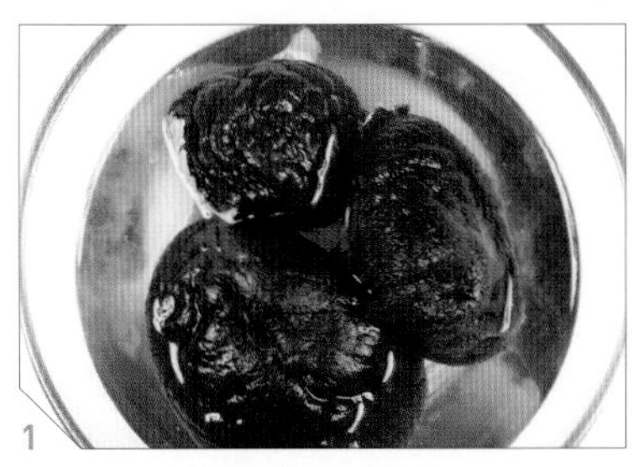

1
마른 표고버섯은 30분 이상 물에 불린다.

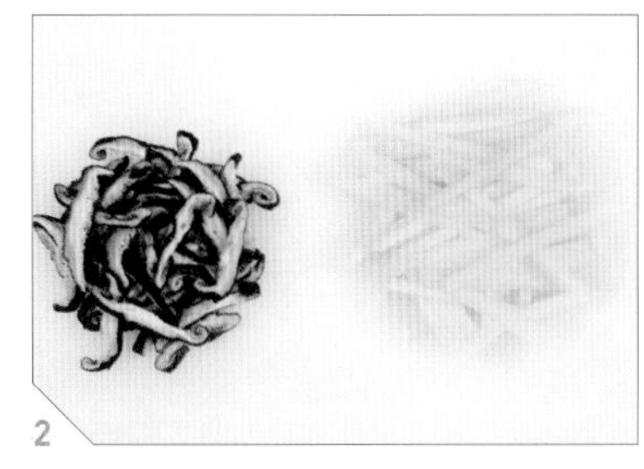

2
물에 불린 표고버섯을 0.5cm 두께로 썰고, 무는 채칼로 가늘게 채 썬다.

3
전기압력밥솥에 불린 쌀과 무를 넣는다.

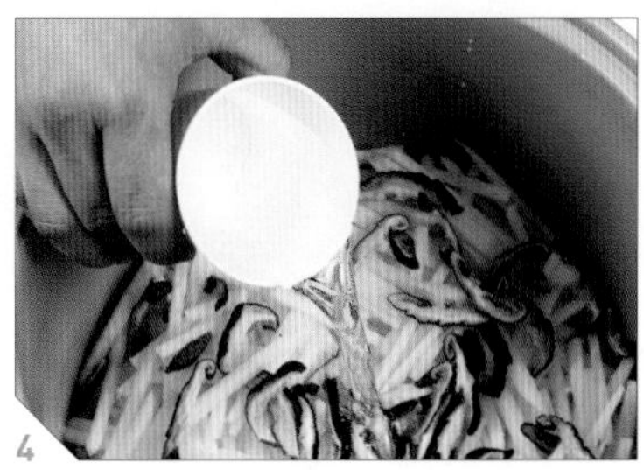

4
무 위에 버섯을 올리고 물을 부어 밥을 짓는다.

5
대파, 청양고추, 홍고추를 길게 반으로 가른 후 0.3cm 두께로 얇게 썰어 볼에 넣는다.

6
간 마늘, 황설탕, 깨소금, 참기름, 진간장을 섞어서 양념장을 만든다.

7
무밥이 완성되면 주걱으로 뒤섞은 후 그릇에 담고, 양념장과 함께 낸다.

굴밥

POINT

다른 반찬이 필요 없는 든든한 한 끼!
겨울에는 영양 만점 굴로 밥을 지어
가족의 건강을 챙겨 보자.

취향에 따라 버터와 함께 비벼 먹어도 좋다. 양념장에 달래를 넣으면 향긋한 맛을 즐길 수 있다.

재료(4인분)

불린 쌀 4컵(500g)
굴 2봉지(500g)
새송이버섯 $\frac{1}{2}$개(30g)
표고버섯 $1\frac{1}{2}$개(30g)
무 $1\frac{1}{2}$컵(165g)
물 2컵(360ml)

양념장

대파(흰 부분) 1대(60g)
쪽파 $\frac{1}{2}$컵(25g)
청양고추 3개(30g)
간 마늘 1큰술
굵은 고춧가루 1큰술
진간장 $\frac{1}{3}$컵(약 60ml)
황설탕 $\frac{1}{2}$큰술
참기름 $\frac{1}{2}$큰술
통깨 1큰술

1
불린 쌀을 준비하고, 굴은 흐르는 물에 살살 씻어 둔다.
(굴 손질하기 87쪽 참조)

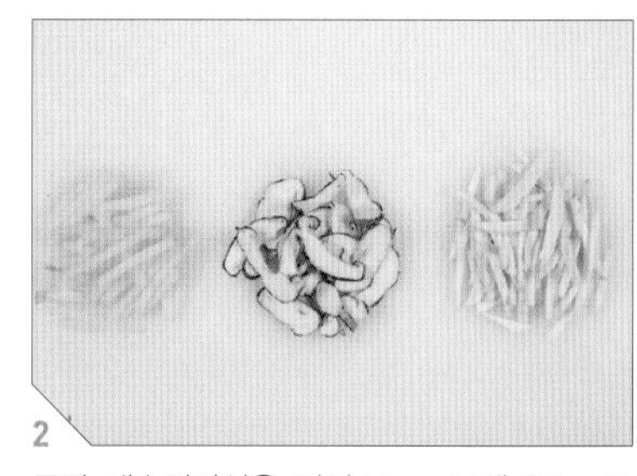

2
무와 새송이버섯은 길이 5cm, 두께 0.5cm로 채 썰고, 표고버섯은 0.5cm 두께로 썬다.

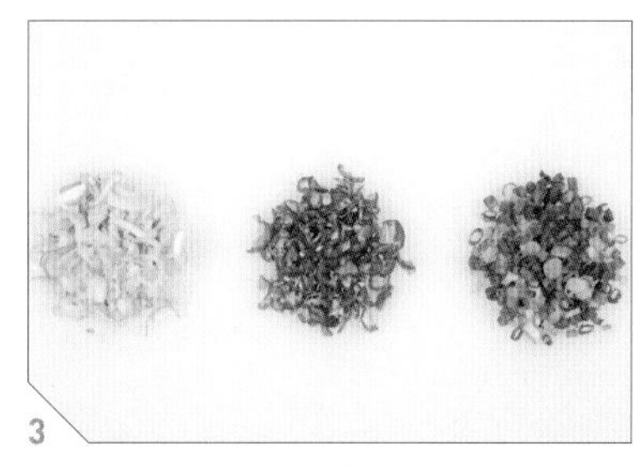

3
대파는 흰 부분을 반 갈라 0.3cm 두께로, 청양고추도 반 갈라 0.3cm 두께로 얇게 썬다. 쪽파는 0.3cm 두께로 송송 썬다.

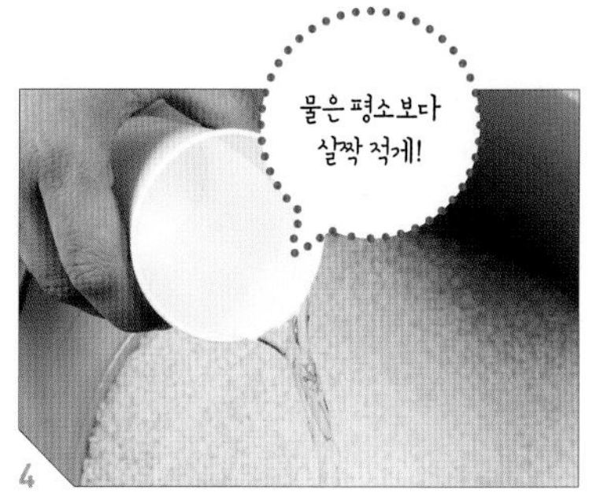

4
전기압력밥솥에 불린 쌀과 물을 넣는다.

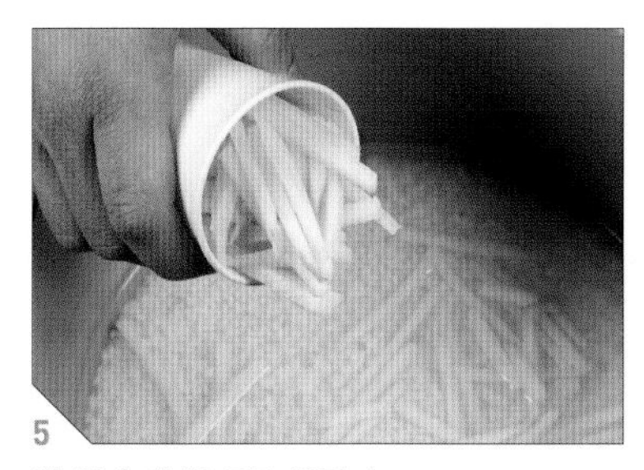

5
쌀 위에 채 썬 무를 올린다.

6
무 위에 채 썬 새송이버섯과 표고버섯을 올린다.

7
버섯 위로 굴을 고르게 펴서 올리고 밥을 짓는다.

8
볼에 대파, 쪽파, 청양고추, 간 마늘, 진간장을 넣는다.

9
굵은 고춧가루, 황설탕, 참기름, 통깨를 넣고 잘 저어 양념장을 만든다.

10
굴밥이 완성되면 주걱으로 뒤섞은 후 그릇에 담고 양념장과 함께 낸다.

해장김치죽

콩나물해장국용 육수에 김치와 밥을 넣고 끓인 죽이다.
속 쓰린 아침을 달래 줄 매콤하고 맛있는 죽을 만나 보자.

과정 ❹~❻번은 콩나물해장국(69쪽)의 육수 끓이는 방법과 동일하다. 두 배로 끓여 콩나물해장국을 만들고 남으면, 냉장 보관해 두었다가 해장김치죽을 끓일 때 사용하면 된다. 해장김치죽만 끓일 때는 오징어는 생략 가능하다.

신김치 2컵 (260g)
밥 2공기 (400g)
떡국떡 $1\frac{1}{2}$컵 (150g)
멸치가루 2큰술
마른 표고버섯채 $\frac{1}{2}$컵 (6g)
북어대가리 2개 (116g)
다시마 14g (2조각)
대파 1컵 (60g)
양파 $\frac{1}{2}$개 (125g)
간 마늘 1큰술
굵은 고춧가루 2큰술
국간장 1큰술
물 16컵 (2,880ml)

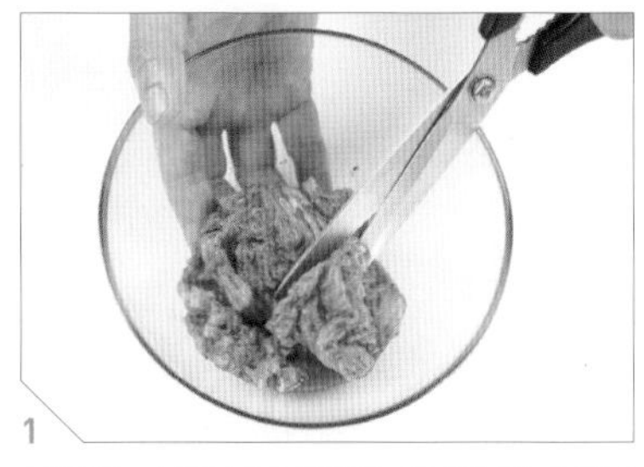

1 신김치는 볼에 넣고 가위로 최대한 잘게 자른다.

2 마른 표고버섯채와 멸치가루를 준비하고 양파는 껍질째 깨끗이 씻어서 2등분한다. 북어대가리와 다시마는 젖은 행주로 잘 닦는다.
(멸치가루 만들기 111쪽 참조)

3 대파는 0.3cm 두께로 얇게 썰고, 떡국떡은 물에 불린다.

4 냄비에 물, 북어대가리, 마른 표고버섯채, 다시마, 양파, 멸치가루를 넣고 강불에서 끓이다가 끓기 시작하면 약불로 줄인다.

5 끓이는 중간에 북어대가리가 부드럽게 익으면 가위로 2등분한다.

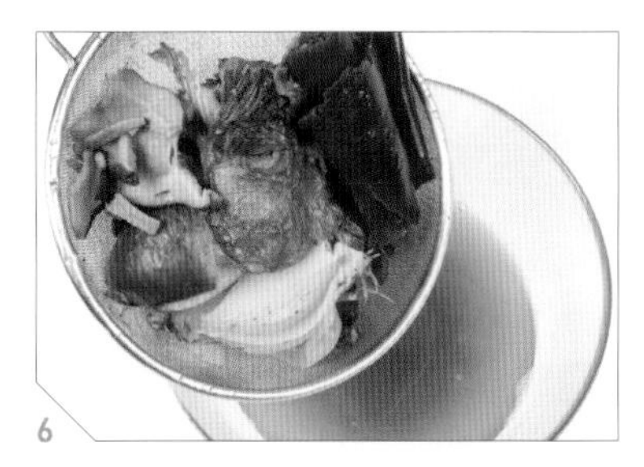

6 1시간 이상 푹 끓인 육수를 체에 밭쳐 육수만 걸러 낸다.

7 냄비에 걸러 놓은 육수 6컵, 밥, 간 마늘, 굵은 고춧가루를 넣는다.

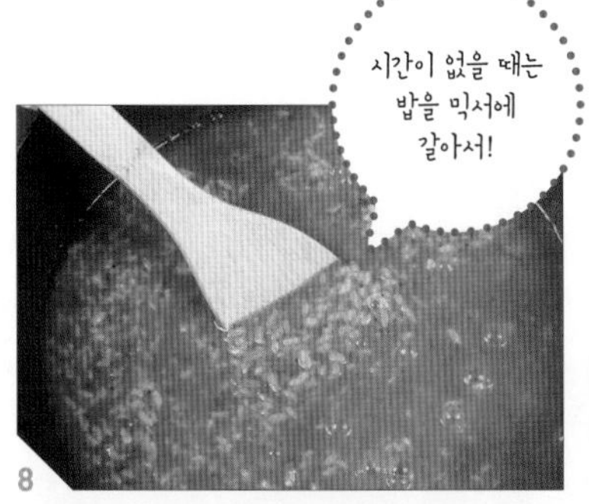

8 재료를 잘 섞으며 중불에서 끓인다.

9 밥알이 어느 정도 퍼지면 김치와 불려 놓은 떡국떡을 넣는다.

10 대파를 넣은 후 국간장으로 간을 하고 잘 섞어서 완성한다.

멸치칼국수

POINT

쉽게 끓이는 옛날 칼국수 레시피다.
멸치와 다시마만으로 깊은 맛을 내 보았다.
기호와 상황에 따라 다른 재료로도 응용이 가능하다.

시판용 칼국수면에는 전분이 있어서 그대로 사용하면 냄비 바닥이 타고 국물이 지저분해진다. 육수가 끓기 시작하면 바로 물에 헹궈서 살살 육수에 넣어야 한다. 소면처럼 박박 문지를 필요는 없다. 또 칼국수면은 개봉한 순간부터 마르기 시작하므로 사용 직전에 개봉하는 것이 좋다.

재료(2인분)

칼국수용 생면 2인분 (320g)
멸치가루 1큰술
다시마 7g (1조각)
대파 $\frac{1}{2}$대 (50g)
청양고추 2개 (20g)
감자 $\frac{1}{2}$개 (100g)
양파 $\frac{1}{2}$개 (125g)
당근 $\frac{1}{5}$컵 (12g)
애호박 $\frac{1}{2}$개 (160g)
간 마늘 1큰술
국간장 3큰술
꽃소금 $\frac{1}{2}$큰술
후춧가루 약간
물 $6\frac{1}{2}$컵 (1,170ml)

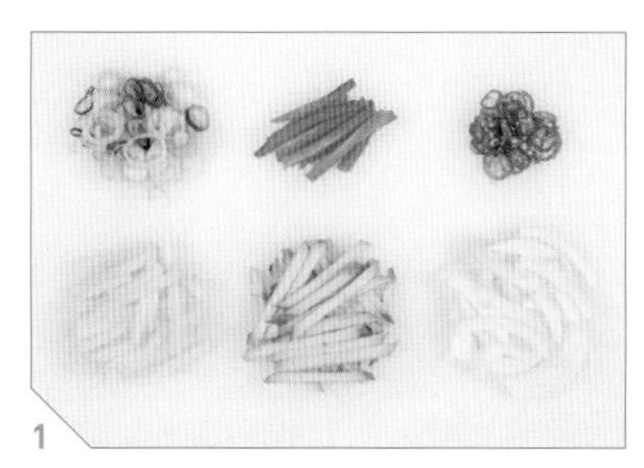

1 대파와 청양고추는 0.3cm 두께로 얇게 썰고, 당근, 감자, 애호박, 양파는 길이 6cm, 두께 0.4cm로 채 썬다.

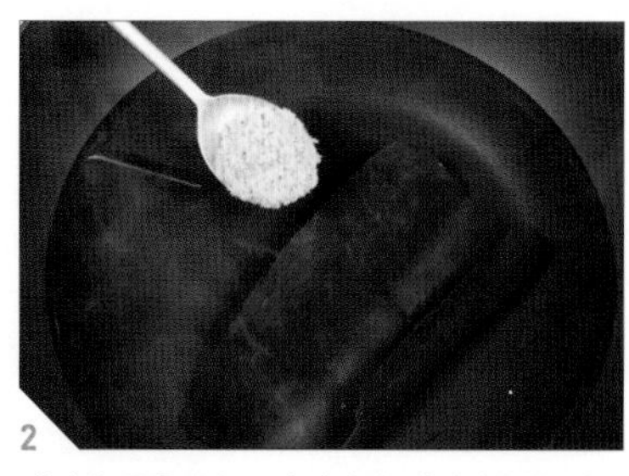

2 냄비에 물을 붓고 다시마와 멸치가루를 넣고 강불에서 끓인다.
(멸치가루 만들기 111쪽 참조)

3 육수가 끓어오르면 감자와 당근, 양파를 넣는다.

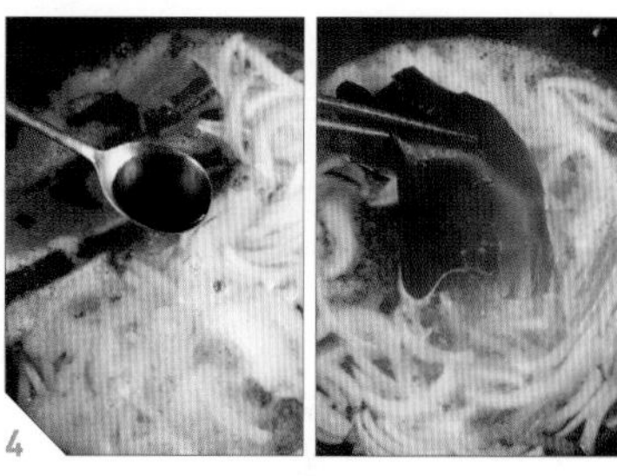

4 국간장으로 향을 내고, 다시마를 건져 낸다.

5 칼국수면을 흐르는 물에 가볍게 씻어서 전분을 제거한 후 육수에 넣는다.

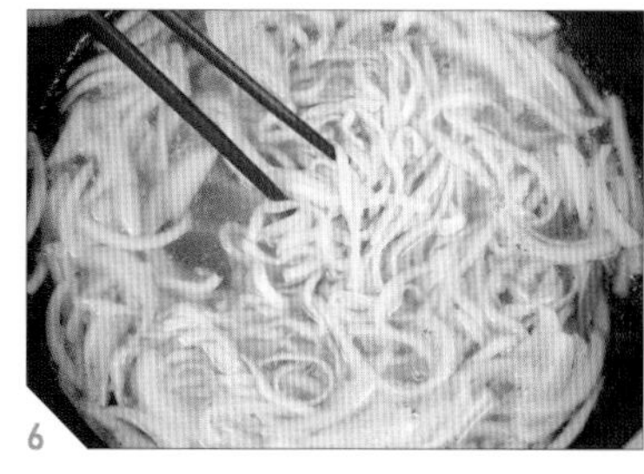

6 젓가락으로 면을 살살 풀며 끓인다.

7 육수가 팔팔 끓기 시작하면, 애호박과 대파를 넣는다.

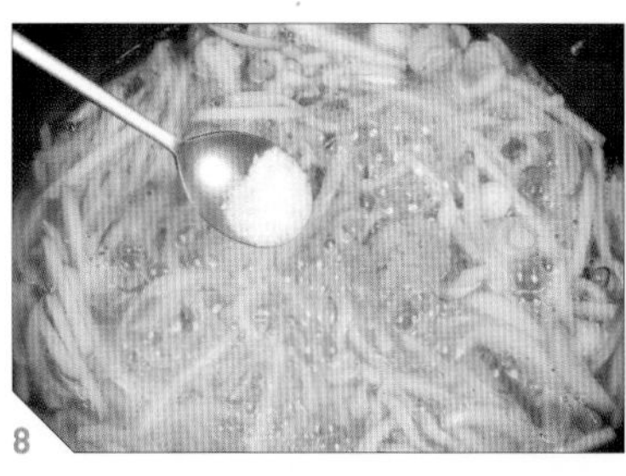

8 간 마늘과 꽃소금을 넣고 잘 섞어서 한소끔 더 끓인다.

9 칼국수를 그릇에 담고 청양고추와 후춧가루를 뿌려서 완성한다.

장칼국수

POINT

고추장을 기본 양념으로 하여 얼큰하고,
고소하면서도 시원한 맛이 나는 칼국수다.
밥을 말아 먹어도 맛있는 별미다.

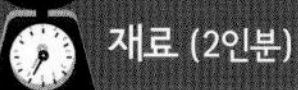

재료 (2인분)

칼국수용 생면 2인분 (320g)

바지락 2봉지 (1봉지당 200g짜리)

멸치가루 2큰술

달걀 2개

대파 ½대 (50g) + 2큰술 (14g) (국물용 ½대, 고명용 2큰술)

청양고추 2개 (20g)

감자 ½개 (100g)

양파 ½개 (125g)

애호박 ½개 (160g)

된장 ½큰술

고추장 2큰술

간 마늘 1큰술

굵은 고춧가루 1큰술

고운 고춧가루 2큰술

국간장 1큰술

꽃소금 ½큰술

조미김가루 4큰술

통깨 약간

물 8컵 (1,440ml)

1 대파와 청양고추는 0.3cm 두께로 얇게 썰고, 감자, 애호박, 양파는 길이 6cm, 두께 0.4cm로 채 썬다.

2 냄비에 물을 붓고, 감자, 양파, 멸치가루를 넣은 후 강불에서 끓인다.
(멸치가루 만들기 111쪽 참조)

3 국물이 끓어오르면 된장과 고추장을 체에 밭쳐 풀어 넣는다.

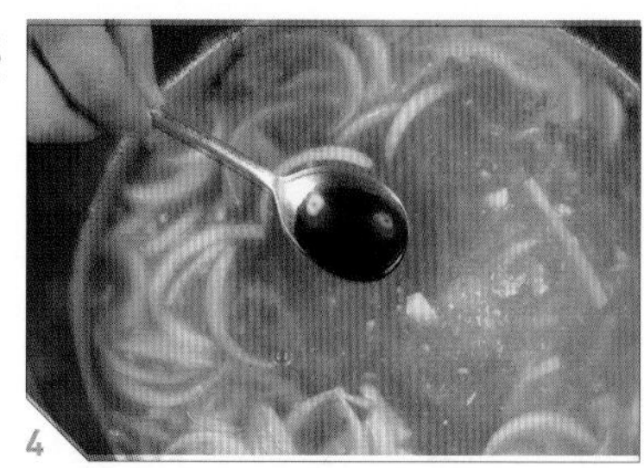

4 국물에 간 마늘과 국간장을 넣는다.

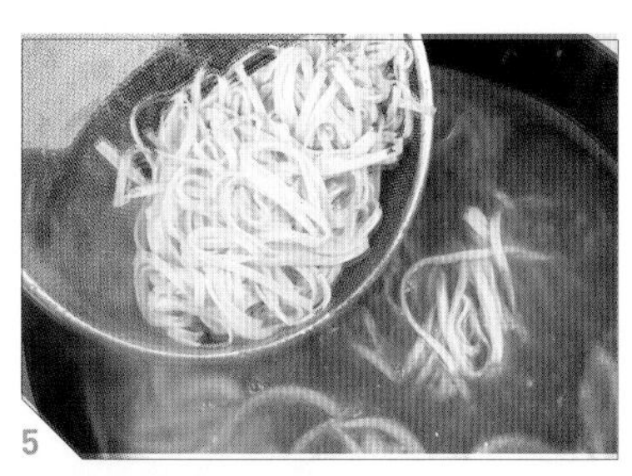

5 칼국수면을 흐르는 물에 가볍게 씻어서 전분을 제거한 후, 국물에 넣는다.

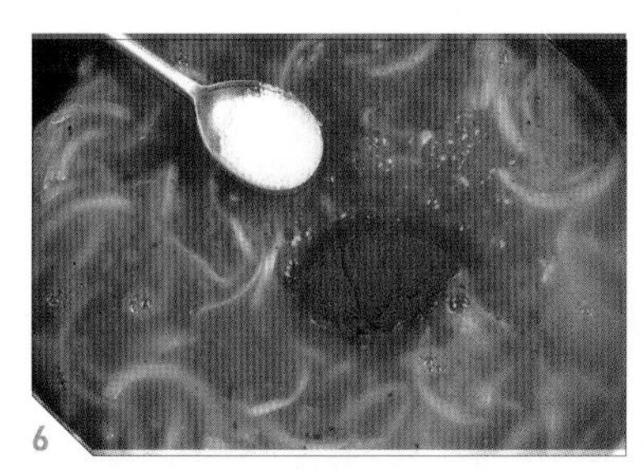

6 고운 고춧가루, 굵은 고춧가루를 넣고, 꽃소금으로 간을 한다.

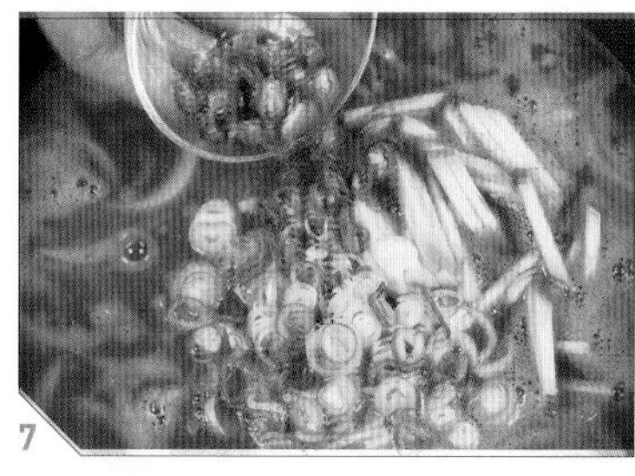

7 대파, 애호박, 청양고추를 넣는다.

8 바지락을 넣어 잘 젓고 끓인다.

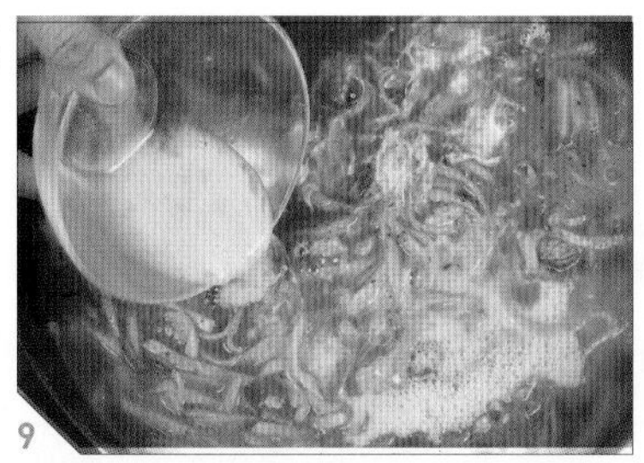

9 바지락 입이 벌어지면, 달걀을 풀어서 휘 두른 후 젓가락으로 면을 살짝 들어 주면서 달걀을 익힌다.

10 완성된 장칼국수를 그릇에 담고, 고명용 대파, 통깨, 조미김가루를 올려서 완성한다.

봉골레파스타

집밥으로 즐길 수 있는 파스타 요리!
만능오일을 만들어 두면 조개 대신
햄, 토마토, 양송이, 어묵 등
다양한 버전의 파스타를 만들 수 있다.

올리브유 1컵(180ml)
통마늘 17개(85g)
월계수잎 4장
페페론치노 20개(8g)
꽃소금 1큰술

1. 만능오일 만들기

1 통마늘을 잘게 다진다.

2 팬에 페페론치노, 꽃소금, 월계수잎, 다진 마늘, 올리브유를 넣는다.

3 불을 켜고 약불에서 재료를 잘 저으며 볶는다.

4 마늘이 노릇해지기 직전에 불을 끄고, 만능오일을 완성하여 식혀 둔다.

재료 (2인분)

파스타면 200g
(물 12컵 + 꽃소금 $\frac{2}{3}$큰술)
바지락 4봉지
(1봉지당 200g짜리)
대파(파란 부분) 약간(고명용)
만능오일 $\frac{2}{3}$컵(110g)
맛술 2큰술

2. 봉골레파스타 만들기

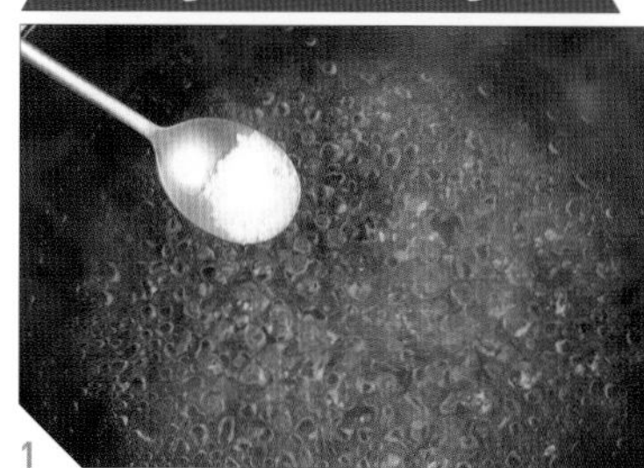

1 물을 끓인 후, 꽃소금을 넣는다.

2 끓는 소금물에 파스타면을 펼쳐 넣는다.

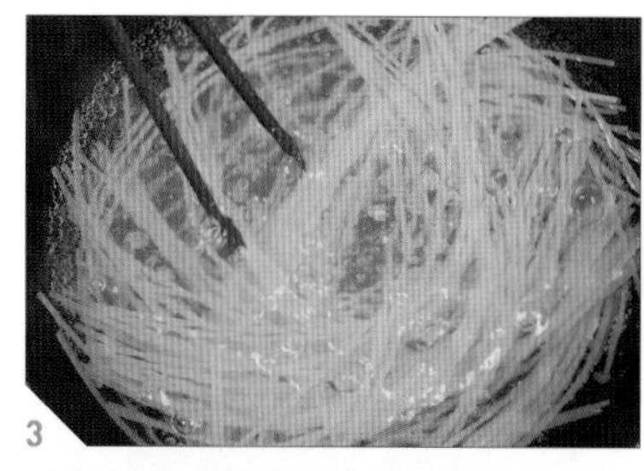

3 젓가락으로 저은 후 면을 7~10분 정도 삶는다.

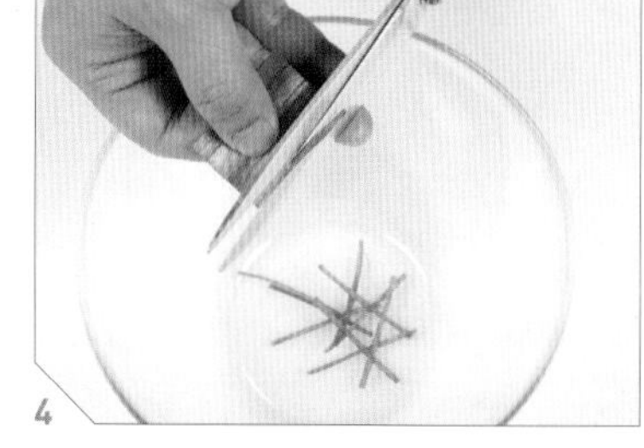

4 대파를 가위로 길이 5cm, 두께 0.3cm로 잘라서 준비한다.

파스타면은 삶은 뒤 찬물에 헹구지 않는 게 좋다. 면을 삶은 뒤 바로 팬으로 옮기는 게 가장 좋다. 파스타면을 삶은 면수는 파스타의 육수로도 사용할 수 있다. 면수를 버리지 말고, 파스타에 물기가 부족하다고 느껴지면 한 국자 떠서 넣으면 된다.

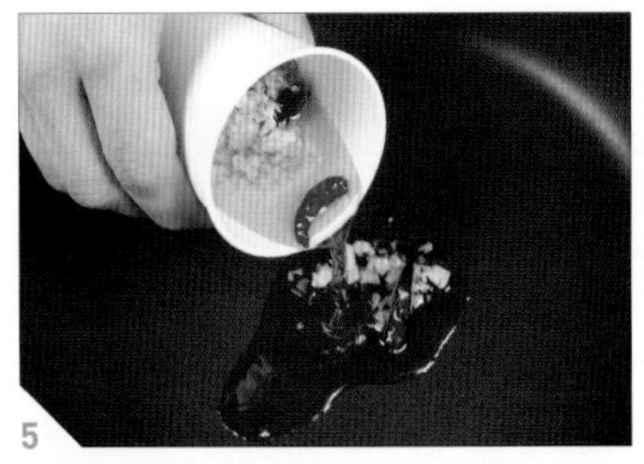

5
넓은 팬에 만능오일 $\frac{2}{3}$컵을 넣는다.

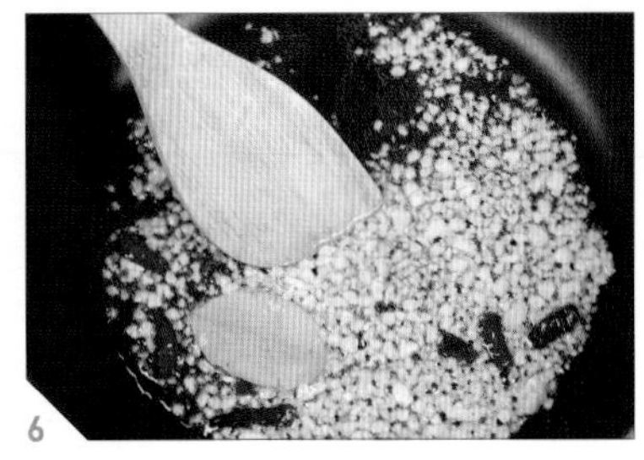

6
만능오일이 달궈지도록 볶는다.

7
만능오일이 달궈지면 바지락을 넣고 볶는다.

8
바지락 입이 벌어지며 익기 시작하면, 팬을 기울여서 육수를 모아 육수가 바지락에 잘 스며들게 하면서 육수가 증발하는 것을 막으며 볶는다.

9
맛술을 넣어 비린내를 잡는다.

10
삶은 파스타면을 넣고 잘 섞으면서 볶는다.

11
그릇에 완성된 파스타를 담고 준비해 둔 대파를 고명으로 올려서 완성한다.

바지락 해감법

1. 볼에 채반을 받치고 바지락을 넣고 꽃소금을 뿌려 준다.
2. 바지락이 잠길 만큼 물을 붓고 꽃소금이 녹도록 잘 저어 준다.
3. 쿠킹 호일이나 검정 비닐봉지로 덮어서 서늘한 곳에 3시간 정도 놓아 준다. 소금물에 담근 바지락은 어두운 곳에 놓아 두어야 해감이 잘되며, 너무 오래 해감하면 조개의 단맛이 빠져나갈 수 있으니 3시간 이상은 하지 않는 게 좋다.
4. 해감이 되면 바지락을 물에서 불순물을 깨끗이 씻어 준다.

만능오일

1. 만들 때 주의할 점

* 만능오일을 만들 때는 무조건 올리브유를 사용해야 한다.
  파스타를 만들 때는 올리브유를 사용하는 것이 가장 좋다는 것을 알아 두자.
  단, 올리브유는 발연점이 낮아서 튀김용으로 사용하면 안 된다.
* 마늘은 흰색에서 노란색으로 변하려고 하는 정도까지만
  살짝 익혀야 한다. 그래야 요리할 때 마늘이 너무 익거나 타지 않는다.

2. 만능오일 활용

* 올리브유를 베이스로 한 모든 요리에 활용이 가능하다.
* 만능오일에 파스타면만 넣어서 알리오올리오를 만들어도 되고,
  햄, 버섯, 베이컨 등 집에 있는 재료를 활용하여 다양한 오일 파스타를 만들 수 있다.

3. 만능오일 보관

* 만능오일은 밀폐용기에 넣어 냉장 보관하면 2~3개월은 두고 먹을 수 있다.

1

2

만능오일

카수엘라

POINT

만능오일을 활용한 두 번째 요리!
이름은 낯설지만 한마디로
올리브해물뚝배기라고 생각하면 된다.
빵과 함께 먹으면
든든하고 근사한 스페인식
한 끼 식사가 된다.

오징어 $\frac{1}{2}$마리 (150g)
칵테일 새우 14마리 (70g)
양송이버섯 5개 (100g)
식빵 적당량
바게트빵 적당량
만능오일 1컵 (165g)
올리브유 $\frac{1}{3}$컵 (60ml)
꽃소금 약간
후춧가루 약간

1
양송이버섯은 4등분하고, 오징어는 손질하여 가로 2cm, 세로 2cm로 사각형으로 썬다.
(오징어 손질하기 61쪽 참조)

2
바게트빵은 1.5cm 두께로 어슷 자르고, 식빵은 4등분하거나 길게 3등분한다.

3
낮은 뚝배기에 만능오일을 넣는다.
(만능오일 만들기 53쪽 참조)

4
만능오일에 올리브유를 추가하여 불을 켜고 강불에서 끓인다.

5
기름이 끓어오르기 전에 양송이버섯을 넣는다.

6
손질한 오징어와 칵테일 새우를 넣는다.

7
재료를 잘 섞고 꽃소금을 넣어 간을 한다.

8
마늘이 노릇노릇해지고 오징어가 하얗게 익을 때까지 숟가락으로 저으면서 끓인다.

9
불을 끄고 후춧가루를 뿌린다.

10
완성된 카수엘라를 빵과 함께 낸다.

함박스테이크

POINT

밖에서만 먹던 함박스테이크를 집에서!
일반 스테이크보다 손이 많이 가지만
냉동실에 있는 간 고기를 활용해 저렴하게 만들 수 있다.

고기 반죽 (4인분)

간 소고기 $2\frac{1}{2}$컵 (250g)
간 돼지고기 $3\frac{1}{2}$컵 (350g)
달걀 2개
양파 2컵 (200g)
빵가루 2컵 (90g)
우스터소스 $\frac{1}{4}$컵 (45ml)
토마토케첩 $1\frac{1}{2}$큰술
간 마늘 1큰술
버터 40g
꽃소금 $\frac{1}{2}$큰술
후춧가루 약간
식용유 2큰술

반죽은 잘 치대야 나중에 터지지 않는다. 반죽은 가운데는 얇고 가장자리는 두툼하게 해야 모양이 예쁘게 나온다.
함박스테이크를 만들고 남은 고기 반죽은 크림소스미트볼을 만들 때 사용한다.

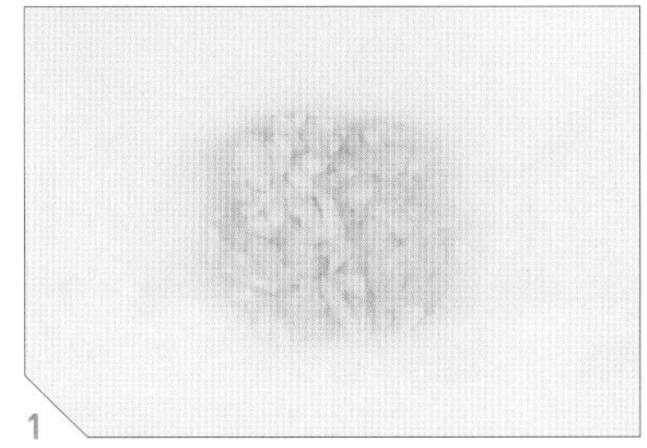

1 양파를 잘게 다진다.

2 팬에 식용유와 버터를 넣고 불을 켠 후 다진 양파와 후춧가루, 꽃소금을 넣고 볶는다.

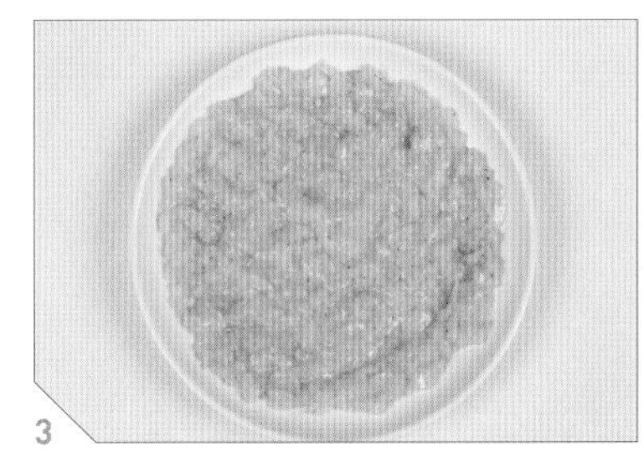

3 양파의 숨이 완전히 죽을 때까지 볶은 후 접시에 담아 식힌다.

4 볼에 간 소고기, 간 돼지고기, 빵가루, 간 마늘을 넣고 손으로 잘 섞어 반죽을 만든다.

5 반죽에 토마토케첩, 볶아서 식혀 놓은 양파, 우스터소스를 넣는다.

6 재료를 잘 섞은 후 달걀을 넣고 섞는다.

7 반죽이 잘 뭉쳐질 때까지 치댄 후, 야구공만 한 크기로 동그랗게 뭉친다.

8 동그란 반죽을 두툼하고 납작한 모양이 되도록 만든다.

스테이크 굽기

고기 반죽 160g 4덩어리 (640g)
식용유 $\frac{1}{2}$컵 (90ml)
물 1컵 (180ml)

함박소스

새송이버섯 1개 (60g)
양파 $\frac{1}{2}$개 (125g)
버터 40g
진간장 1큰술
황설탕 2큰술
토마토케첩 2큰술
후춧가루 약간
물 $\frac{1}{3}$컵 (60ml)

Tip

함박스테이크는 밥이나 달걀 프라이와 함께 내도 좋다.

2 함박스테이크 만들기

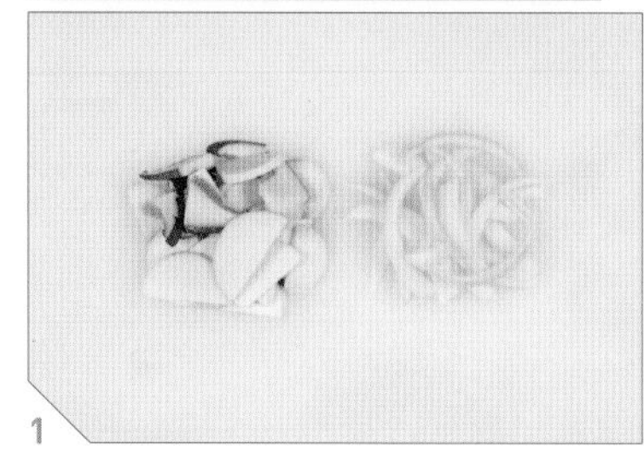

1 새송이버섯은 반 갈라 0.5cm 두께의 반달 모양으로 썰고, 양파는 0.5cm 두께로 썬다.

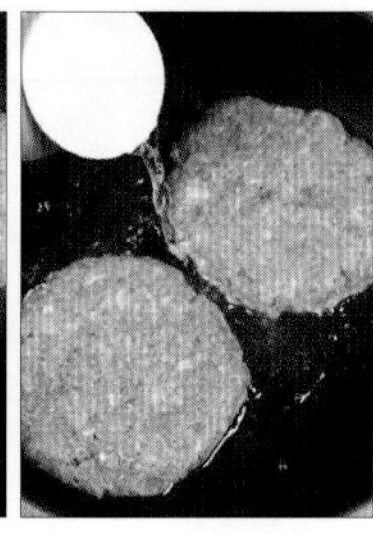

2 팬에 식용유를 두르고 강불에서 달군 후 고기 반죽을 놓고, 물 1컵을 붓는다.

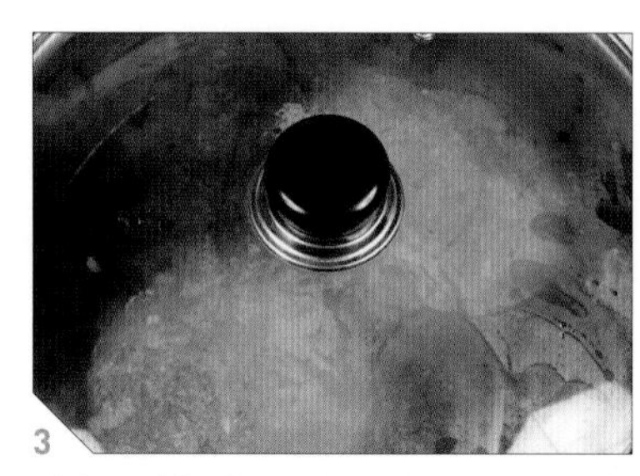

3 팬의 뚜껑을 닫고, 약불에서 고기 반죽을 익힌다.

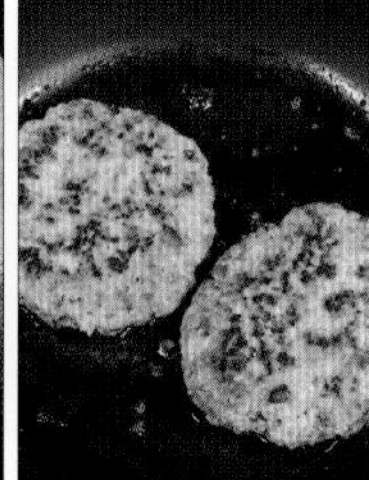

4 뚜껑을 열고 중간 중간 뒤집으며 고기 반죽의 속까지 잘 익힌 후 꺼낸다.

5 고기 반죽을 익힌 팬에 양파, 새송이버섯, 버터, 황설탕, 후춧가루, 토마토케첩, 물 $\frac{1}{3}$컵, 진간장을 넣는다.

6 양파가 투명하게 익을 때까지 볶아서 소스를 완성한다.

7 스테이크를 접시에 담고 그 위에 소스를 뿌려서 완성한다.

오징어 손질 방법

오징어 몸통 갈라 손질하기

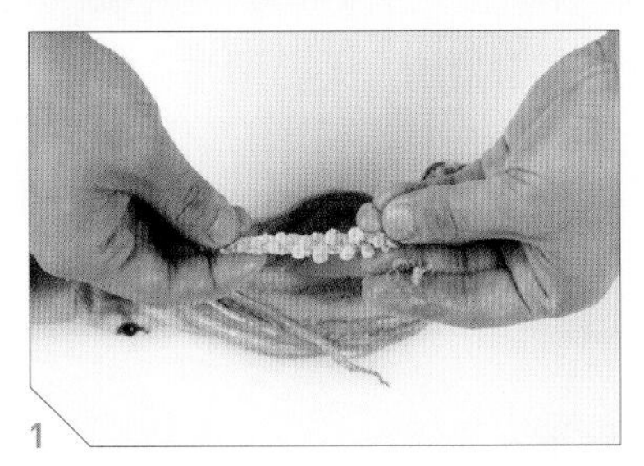

1
오징어 다리(촉수)의 빨판을 세게 쭉쭉 훑어서 이물질을 제거한다.

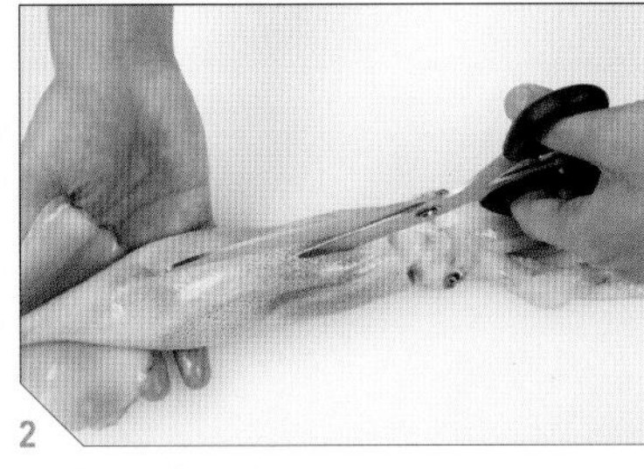

2
가위로 오징어 몸통 뒷면 가운데를 끝까지 가른다.

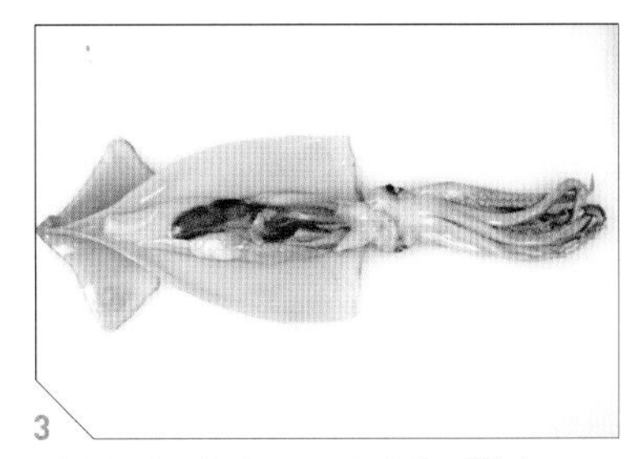

3
내장이 위로 올라오도록 몸통을 펼친다.

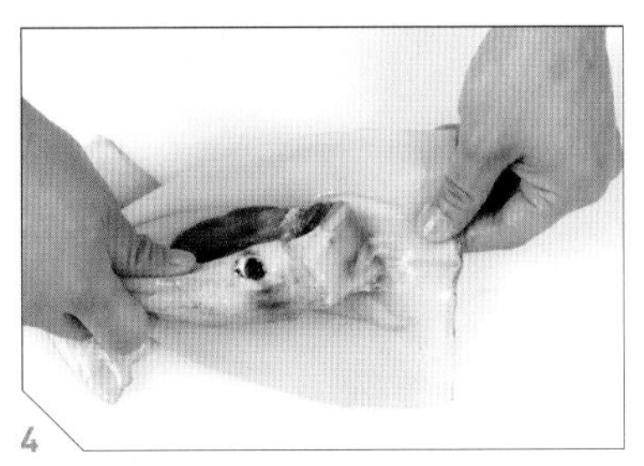

4
한 손으로 몸통 끝부분을 잡고 다른 손으로 내장을 잡아 쭉 잡아당겨 떼 낸다.

5
몸통 중앙에 있는 투명한 대를 떼 낸다.

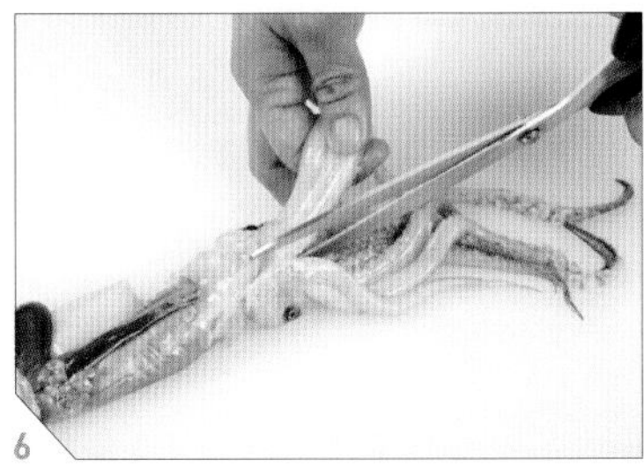

6
오징어의 눈이 안 보이게 뒤집은 후 다리의 중앙을 가위로 가른다.

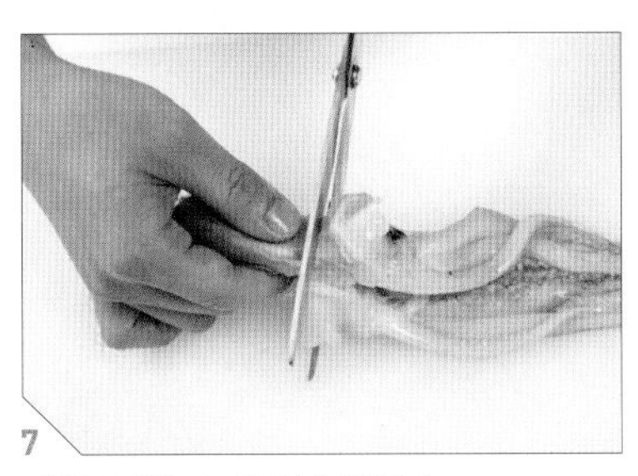

7
가위로 내장과 다리를 분리한다.

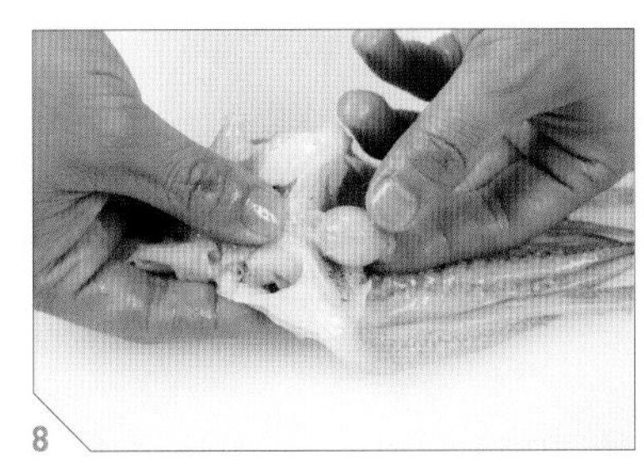

8
눈을 떼서 버린다.

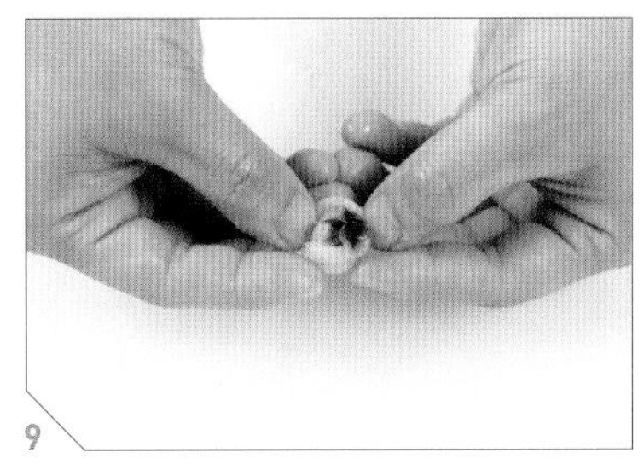

9
입을 뗀 후 뒤에서 눌러 이빨을 제거하고 사용한다.

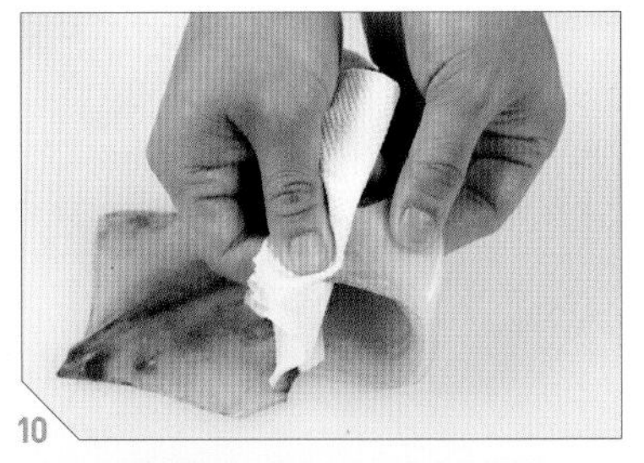

10
마른 키친타월로 몸통 끝부분의 껍질을 잡고 살살 잡아당겨 벗겨 낸다. 지느러미의 껍질도 같은 방법으로 제거한다.

크림소스미트볼

함박스테이크와 함께 고기 반죽을 이용한
색다른 집밥 요리!

고기 반죽 약 350g
(미트볼 13개)
양파 1컵(70g)
새송이버섯 $\frac{1}{2}$개(30g)
바게트빵 적당량
우유 $1\frac{1}{2}$컵(270ml)
밀가루 2큰술
버터 10g
간 마늘 $\frac{1}{2}$큰술
꽃소금 약간
식용유 $\frac{1}{3}$컵(60ml)

여기에 파스타면을 삶아서 함께 볶으면 크림소스미트볼파스타가 된다. 양파와 새송이버섯을 볶을 때 미트볼이 부서질 것 같으면, 미트볼은 건져 내고 버섯과 양파를 볶은 후에 다시 합쳐도 된다.

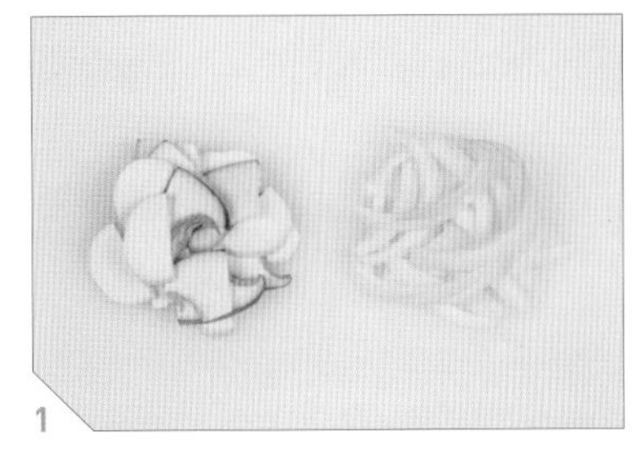

1 새송이버섯은 반 갈라 0.5cm 두께의 반달 모양으로 썰고, 양파는 0.5cm 두께로 썬다.

2 고기 반죽을 숟가락으로 뚝뚝 떠서 동그랗게 미트볼을 만들어 밀가루 위에 올려 놓는다.

3 밀가루가 든 접시를 흔들어 미트볼에 밀가루를 골고루 입힌다.

4 넓은 팬에 식용유를 두르고 달군 뒤 미트볼을 넣는다.

5 주걱으로 미트볼을 굴려 가며 약불에서 익힌다.

6 미트볼이 노릇노릇하게 익으면, 팬에 양파, 새송이버섯, 버터를 넣고 함께 볶는다.

7 양파가 투명하게 익으면 꽃소금, 간 마늘, 우유를 넣는다.

8 약불에서 국물이 걸쭉하게 졸아들 때까지 잘 저으며 조린다.

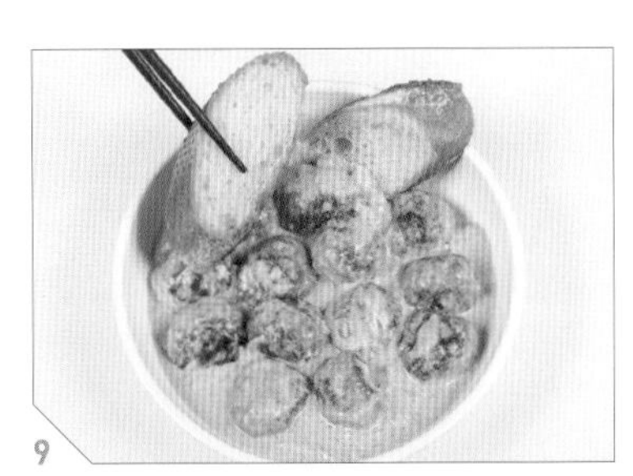

9 완성된 미트볼을 바게트빵과 함께 낸다.

집밥 3장

따뜻한 사랑을 담은, 국물요리

집밥 하면 떠오르는
따끈한 국물요리 !

좋은 추억으로 남는 집밥을 떠올려 보면
거기엔 항상 따뜻한 국 한 그릇이 함께 있기 마련이다.
봄 향기를 전해 줄 냉이된장찌개,
한겨울에 든든하게 속을 데워 줄 굴탕,
그리고 20분만에 완성하는 육개장 등
누구나 좋아할 국물요리를 만나 보자.

소고기뭇국

POINT

누구나 좋아할 국물요리 첫 번째!
소고기뭇국의 주재료인 무와 소고기는 오래 끓일수록 깊은 맛이 난다.
맛에 자신이 없다면 일단 오래 끓여 보자.

여기서는 냉장고에 가장 많이 있을 법한 불고기감을 사용했다. 불고기용 소고기 말고 양지를 사용해도 좋다. 단, 이때는 무를 더 두껍게 썰어서 더 오래 끓여야 양지의 질긴 식감이 사라진다. 무의 두께는 국을 얼마나 끓일 것인가에 따라 결정하면 된다. 얼큰한 맛을 원한다면 고춧가루를 추가하여 끓이면 된다.

재료(4인분)

소고기(불고기용) 3컵(270g)
대파 6큰술(42g)
무 4컵(360g)
간 생강 약간
간 마늘 2큰술
국간장 3큰술
꽃소금 ⅔큰술
후춧가루 약간
참기름 3큰술
물 9컵(1,620ml)

1
대파는 0.5cm 두께로 썰고, 무는 가로 3cm, 세로 3cm, 두께 0.5cm로 사각형으로 썬다.

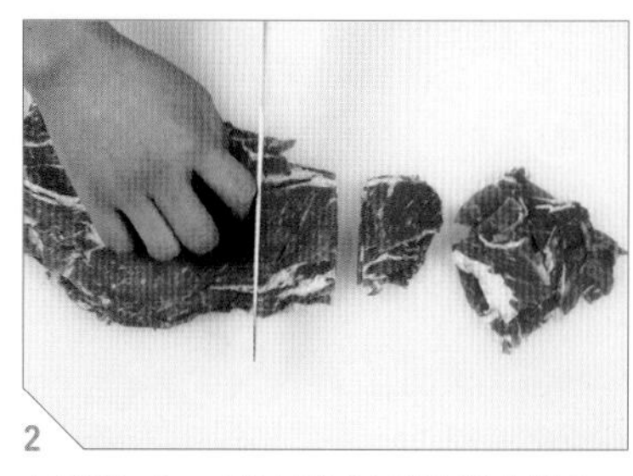

2
소고기는 5cm 길이 정도로 먹기 좋게 썬다.

3
썬 고기는 찬물에 한 번 헹군 후 체에 밭쳐 핏물을 제거하고 물기를 충분히 뺀다.

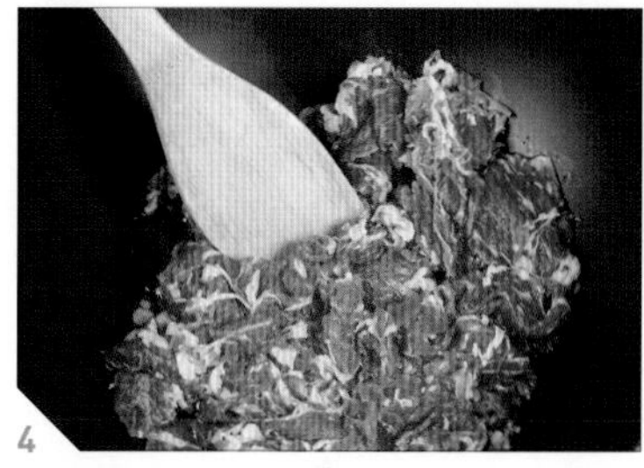

4
냄비에 참기름을 두르고 달군 후 소고기를 넣고 강불에서 볶는다.

5
소고기의 핏기가 없어질 때까지 볶아 준 후 무를 넣고 함께 볶는다.

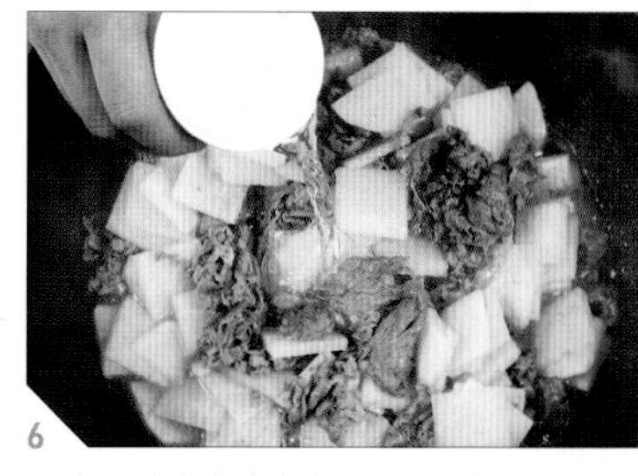

6
무가 투명해질 때까지 볶다가 물을 붓는다.

7
국물에 꽃소금, 간 생강, 국간장을 넣는다.

황설탕을 조금 넣으면 감칠맛이 더해진다.

8
간 마늘을 넣고, 중불에서 15~20분 정도 충분히 끓인다.

9
충분히 끓었으면 대파와 후춧가루를 넣어서 완성한다.

콩나물해장국

해장국 중 가장 인기 있는 메뉴!
다시마와 북어대가리 육수로
제대로 끓인 해장국 조리법을 소개한다.

재료(4인분)

콩나물 1봉지(320g)
마른 표고버섯채 $\frac{1}{2}$컵(6g)
북어대가리 2개(116g)
멸치가루 2큰술
다시마 14g(2조각)
오징어 1마리(300g)
달걀 4개
양파 $\frac{1}{2}$개(125g)
청양고추 2큰술(8g)
대파 8큰술(56g)
간 마늘 1큰술
굵은 고춧가루 약간
국간장 3큰술
식용유 약간
물 21컵(3,780ml)
(육수용 16컵, 수란용 5컵)

1 청양고추와 대파는 0.3cm 두께로 얇게 썰고, 양파는 껍질째 깨끗이 씻어서 2등분하고, 마른 표고버섯채를 준비해 놓는다.

2 북어대가리와 다시마는 젖은 행주로 깨끗이 닦는다.

3 냄비에 물 16컵, 북어대가리, 마른 표고버섯채, 다시마, 양파, 멸치가루를 넣는다.
(멸치가루 만들기 111쪽 참조)

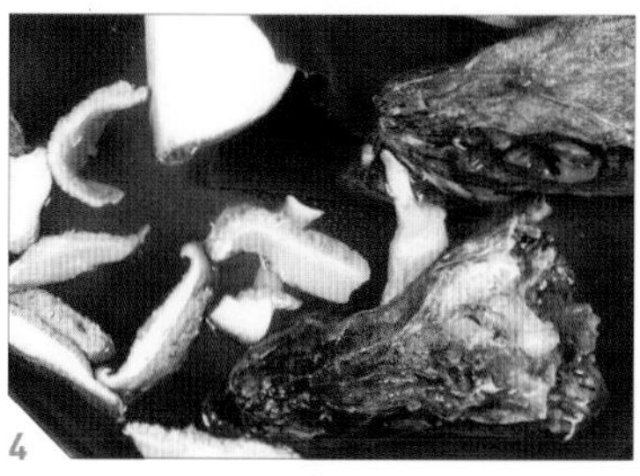

4 강불에서 육수를 끓이다가 끓기 시작하면 약불로 줄여서 약 1시간 정도 끓인다.

5 끓이는 중간에 북어대가리가 부드럽게 익으면 가위로 2등분한다.

6 오징어를 깨끗이 씻어서 손질한다.
(오징어 손질하기 61쪽 참조)

7 손질한 오징어를 끓고 있는 육수에 넣고 1분 정도 데친다.

8 데친 오징어를 가로 1cm, 세로 1cm 크기로 잘게 썬다.

육수에서 오징어 국물 맛이 나는 것이 싫다면, 오징어를 육수에 삶지 않고, 따로 물을 끓여서 삶으면 된다.

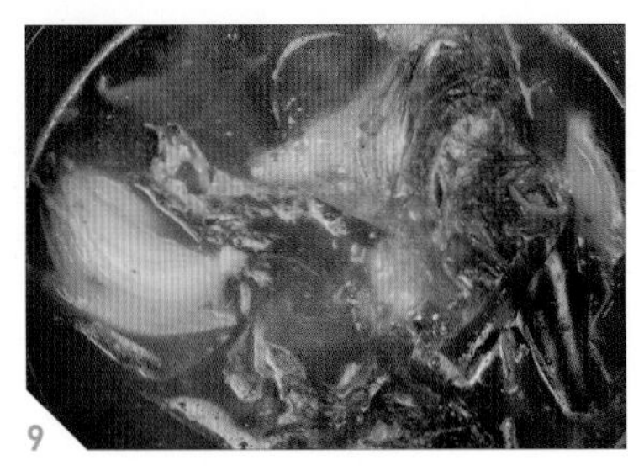

9
육수를 1시간 이상 푹 끓인다.

10
작은 종지에 식용유를 바른다.

11
식용유를 바른 종지에 달걀을 깨 넣고 냄비에 물 5컵과 종지를 넣고 끓인다.

12
물이 끓기 시작하면 약불로 줄여서 수란을 익힌다.

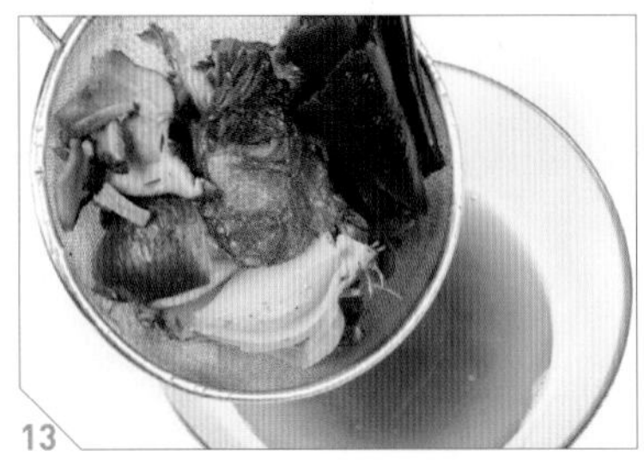

13
1시간 이상 끓인 육수를 체에 거른다.

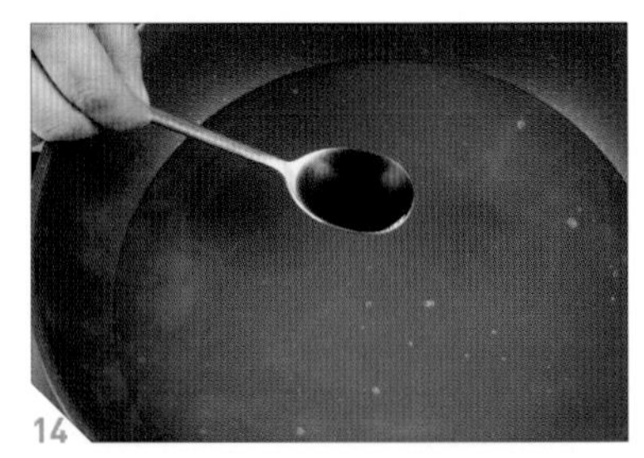

14
체에 거른 육수를 냄비에 넣고, 국간장을 넣어 간을 하고 끓인다.

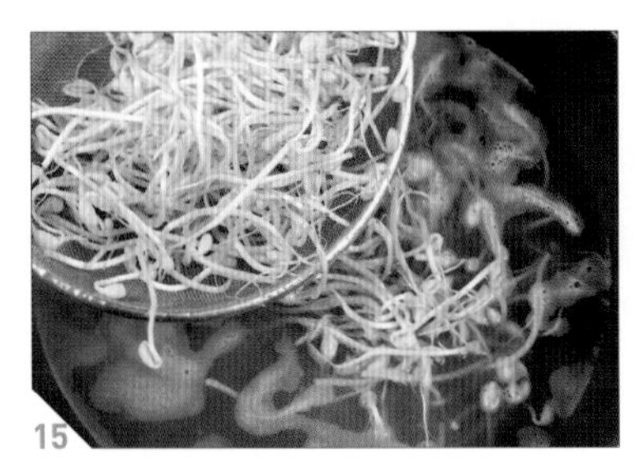

15
육수가 끓어오르면 콩나물을 넣는다.

16
육수가 한 번 끓어오르면 콩나물을 바로 건져 낸다.

취향에 따라 완성된 해장국에 새우젓이나 김가루를 추가할 수 있다. 수란은 생략 가능하다.
오징어 고명 대신 소고기(불고기용)에 국간장과 양파를 넣고 끓여서 고기 고명을 올릴 수도 있다.
이때 불고기용 고기를 사용해야 고기가 금방 익는다.

17 뚝배기를 준비한 후 데친 콩나물과 육수를 넣는다.

18 뚝배기에 오징어 고명, 청양고추, 대파 1큰술, 간 마늘, 굵은 고춧가루를 올려 주고 끓인다.

19 다시 한 번 육수가 끓어오르면 대파 1큰술, 오징어 고명을 한 번 더 넣고 불을 끈다.

20 해장국을 만들어 둔 수란과 함께 낸다.

냉이된장국

POINT

숙취 해소와 피로 회복에 좋다는 냉이!
다듬는 법만 잘 알면 의외로 쉬운 것이 냉이 요리다.
냉이된장국을 끓여 봄 향기 가득한 밥상을 차려 보자.

냉이 2컵(60g)
멸치가루 4큰술
대파 1컵(60g)
청양고추 4개(40g)
된장 4큰술
간 마늘 2큰술
쌀뜨물 8컵(1,440ml)

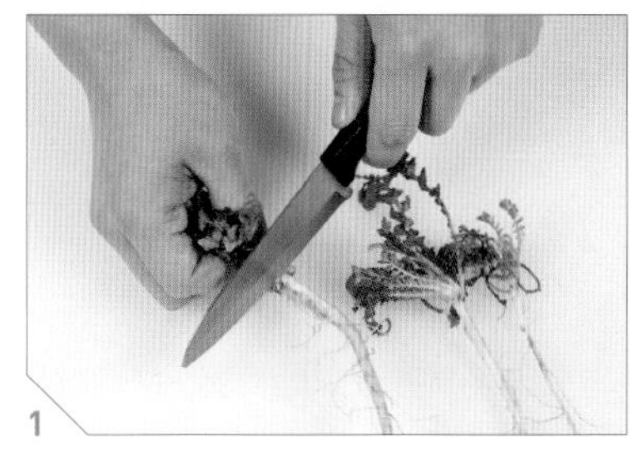

1
냉이의 뿌리를 칼로 긁어서 잔뿌리와 흙을 제거하고, 시든 잎을 떼어 낸다.

2
뿌리가 굵은 냉이는 반으로 가른다.

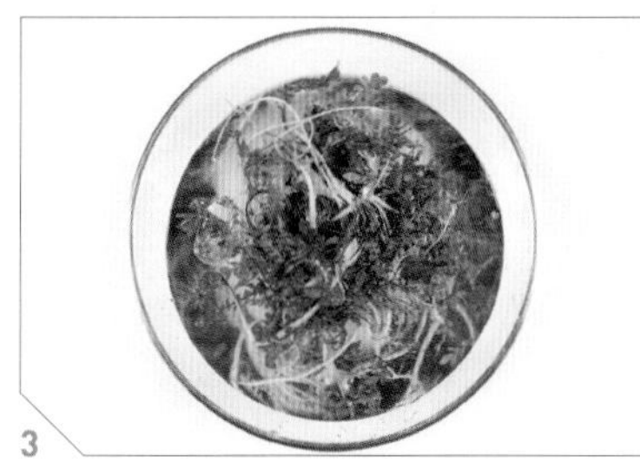

3
손질한 냉이를 물에 30분 정도 담가 두었다가 흙이 가라앉으면 흐르는 물에 씻는다.

4
준비된 냉이를 5cm 길이로 먹기 좋게 썬다.

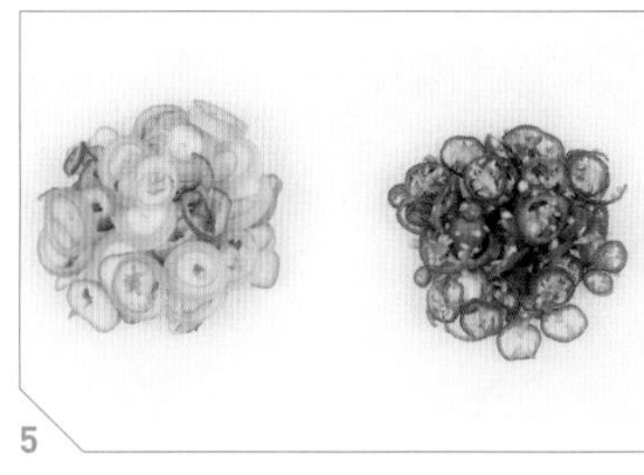

5
대파는 0.5cm 두께로, 청양고추는 0.3cm 두께로 얇게 썬다.

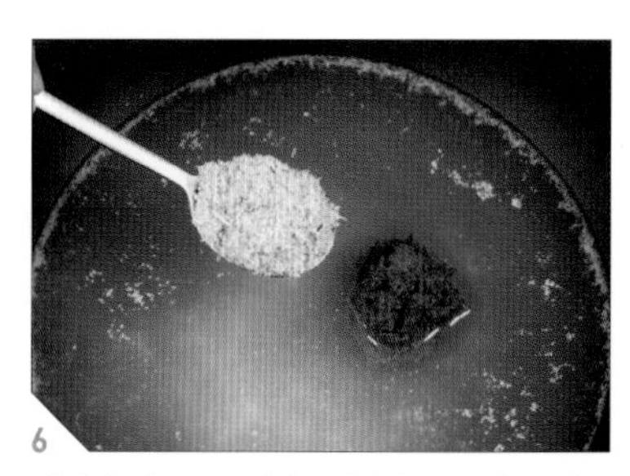

6
냄비에 쌀뜨물, 된장, 멸치가루를 넣고 강불에서 끓이면서 된장을 잘 풀어 준다.
(멸치가루 만들기 111쪽 참조)

된장국을 끓일 때는 된장으로만 간을 해야 깔끔하고 맛있다는 것을 기억하자. 멸치가루는 다양한 요리에 응용할 수 있다. 멸치육수를 내는 대신 멸치가루를 사용한다고 생각하면 된다.

7
국물이 끓어오르면 대파, 청양고추, 간 마늘을 넣는다.

8
냉이를 넣고 국물이 충분히 우러나면 불을 끈다.

냉이된장라면

POINT

냉이와 된장은 가장 잘 어울리는 조합이다.
이 조합을 라면에 응용하면
향긋하고 깔끔한 별미를 즐길 수 있다.

냉이 2컵 (60g)
라면 2개
달걀 2개
대파 $\frac{2}{3}$컵 (40g)
된장 1큰술
물 7컵 (1,260ml)

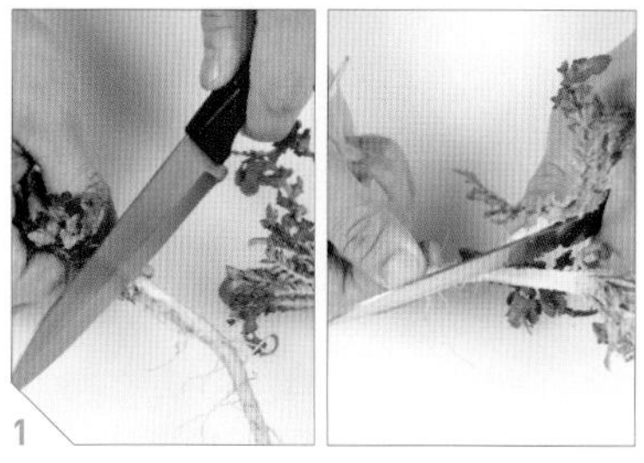

1 냉이의 뿌리를 칼로 긁어서 잔뿌리와 흙을 제거하고, 시든 잎을 떼어 낸다. 뿌리가 굵은 냉이는 반으로 가른다.

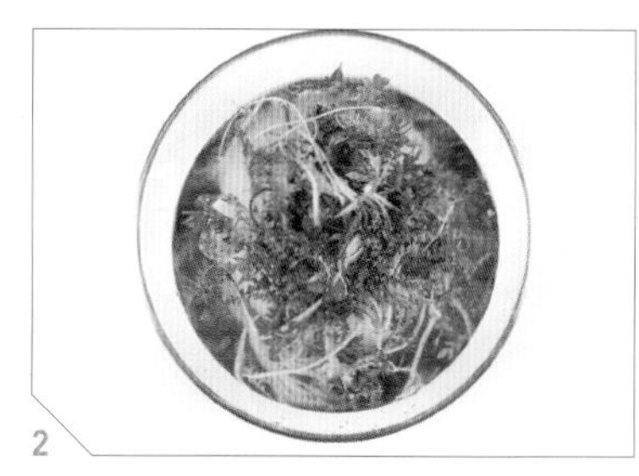

2 손질한 냉이를 물에 30분 정도 담가 두었다가 흙이 가라앉으면 흐르는 물에 씻는다.

3 준비된 냉이를 2cm 길이로 썬다.

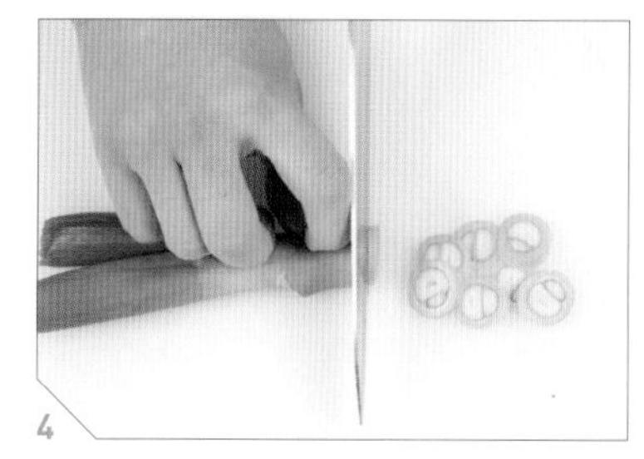

4 대파는 0.5cm 두께로 썬다.

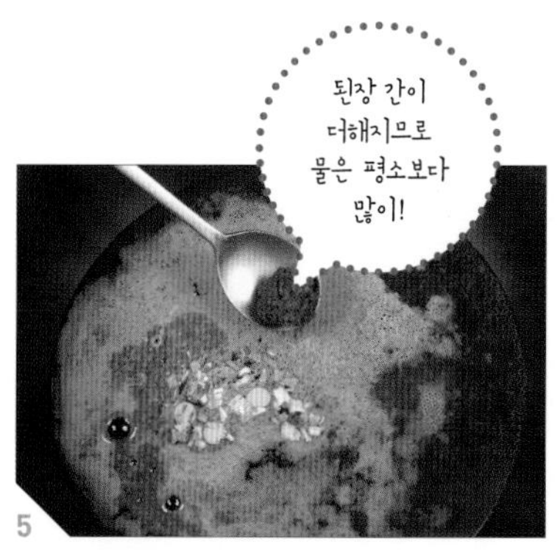

5 냄비에 물을 붓고 불을 켜서 라면의 건더기 스프와 분말 스프, 된장을 넣고 끓인다.

6 물이 끓기 시작하면 라면을 넣고 끓인다.

7 손질해 둔 냉이를 넣는다.

8 달걀을 깨 넣고 적당히 익힌다.

9 면을 건져서 그릇에 담은 후 달걀이 면 위로 올라오도록 담는다.

10 남은 국물에 대파를 넣고 데치듯 끓인 후, 그릇에 부어서 완성한다.

감자고추장찌개

POINT

고추기름을 활용하여
감칠맛이 나고 얼큰한 고추장찌개!
식탁 위에서 보글보글 끓여서 온 가족이 둘러앉아 즐길 수 있는 메뉴다.

과정 ❷ ~ ❹번은 감자고추장찌개 말고도 웬만한 찌개에다 응용 가능한 고추기름을 만드는 방법이다. 참기름 : 식용유 : 고추장 = 2 : 2 : 1의 비율로 반드시 약불에서 조리해야 한다. 그렇지 않으면 쉽게 타버린다. 칼국수면을 물에 한 번 헹궈서 추가해 주면 더 근사하게 즐길 수 있다.

대패 삼겹살 100g
청양고추 3개 (30g)
느타리버섯 2컵 (80g)
대파 ½대 (50g)
양파 ½개 (125g)
감자 3컵 (300g)
고추장 1큰술
간 마늘 1큰술
굵은 고춧가루 2큰술
국간장 5큰술
멸치액젓 1큰술
참기름 2큰술
식용유 2큰술
물 5컵 (900ml)

1 대파와 청양고추는 0.5cm 두께로 썰고, 대패 삼겹살은 2.5cm 폭으로 썬다. 감자는 4등분 한 후 0.5cm 두께로, 양파는 1cm 두께로 썬다. 느타리버섯은 잘게 찢는다.

2 깊은 팬에 참기름, 식용유, 고추장을 넣는다.

3 불을 켜고 약불에서 재료를 볶는다.

4 고추장이 볶아지면 굵은 고춧가루를 넣고 볶아서 고추기름을 낸다.

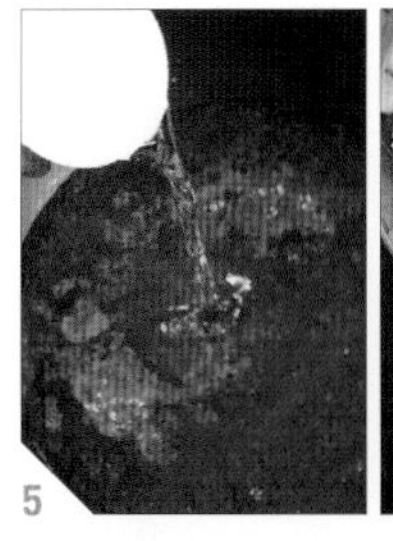

5 고추기름에서 거품이 날 무렵 물을 붓고, 감자를 넣은 후 강불에서 끓인다.

6 국물이 끓어오르면 자른 대패 삼겹살을 넣는다.

7 국간장, 간 마늘, 멸치액젓을 넣어 간을 한다.

8 느타리버섯을 넣고 끓인다.

9 국물이 끓어오르면 양파를 넣고 끓인다.

10 양파가 투명하게 익으면 대파와 청양고추를 넣어서 완성한다.

묵은지찌개

묵은지와 멸치만으로 맛을 낸
담백하고 시원한 묵은지찌개!
다른 국물요리의 육수로도 활용할 수 있는 팔방미인 찌개다.

묵은지 $\frac{1}{4}$포기 (약 670g)
국물용 멸치 1컵(약 35g)
간 마늘 1큰술
국간장 3큰술
들기름 4큰술
쌀뜨물 7컵 (1,260ml)

1
묵은지는 소를 털어 내고 물에 씻어서 준비한다.

2
국물용 멸치의 내장과 머리를 제거해 둔다.

3
냄비에 묵은지와 멸치를 넣고 쌀뜨물을 붓는다.

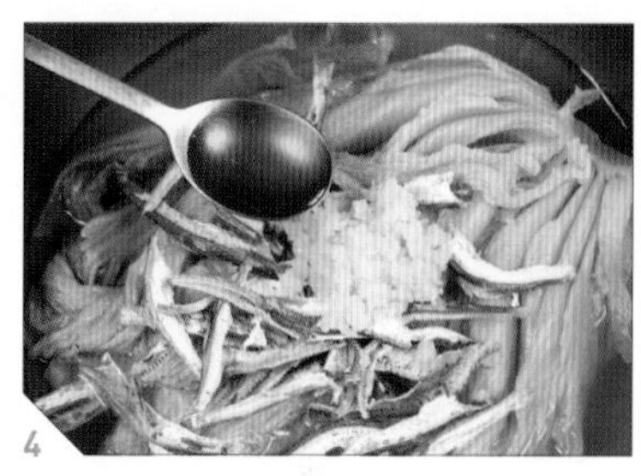

4
간 마늘과 들기름을 넣고 강불에서 끓인다.

5
가위로 김치의 끝부분을 잘라 준다.

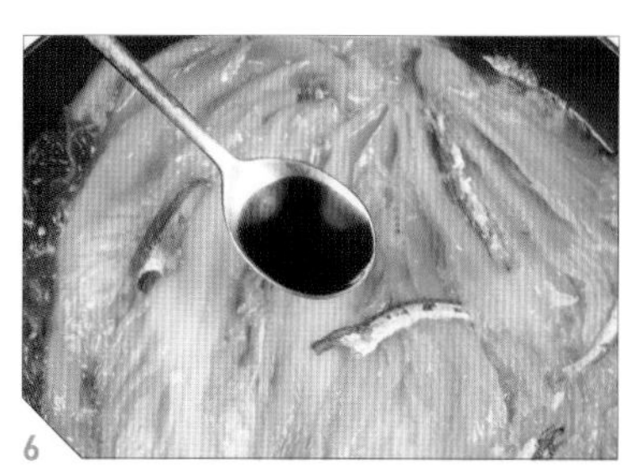

6
묵은지가 투명해질 때까지 끓인 후 국간장으로 간을 하여 완성한다.

묵은지 대신 총각김치를 같은 방법으로 끓여도 맛있다. 묵은지찌개를 육수라고 생각하고 국, 찌개, 라면 국물이나 수제비 국물로 활용하자.
단, 라면을 끓일 때는 국물에 기본 간이 있기 때문에 스프의 양을 조절해야 한다.

잔치불고기

POINT

양념에 재우지 않고 바로 먹을 수 있는 불고기!
갑자기 손님이 찾아왔을 때 유용하게 활용할 수 있다.
식탁 위에서 보글보글 즉석으로 끓여서 고기와 채소를 소스에 찍어 먹으면 된다.

냉동한 지 오래된 고기는 물에 담가 핏물을 빼면서 해동해서 쓰자.
과정 ❼번에서 찍어 먹을 소스를 만들 불고기소스를 3컵 정도 덜어 둔다. 고기와 채소를 건져 먹고 남은 국물에 신김치를 잘게 잘라 넣고, 밥, 달걀, 쪽파를 넣어 죽을 끓여 먹어도 맛있다.

 재료 (4인분)

소고기(불고기용) 4컵(360g)
얼린 두부 $\frac{1}{2}$모 (250g)
대파 1대 (100g)
새송이버섯 1개 (60g)
팽이버섯 $\frac{1}{2}$개 (60g)
표고버섯 2개 (40g)
쑥갓 5줄기 (50g)
알배추 1컵 (45g)
양파 $\frac{1}{2}$개 (125g)
당근 1컵 (60g)
간 생강 약간
간 마늘 1큰술
후춧가루 약간
참기름 2큰술

불고기소스

진간장 $1\frac{1}{2}$컵 (270ml)
황설탕 1컵 (140g)
맛술 1컵 (180ml)
물 6컵 (1,080ml)

찍어 먹는 소스 (1인분)

쪽파 1큰술 (4g)
연겨자 $\frac{1}{3}$큰술
불고기소스 3컵 (540ml)
굵은 고춧가루 2큰술
식초 $\frac{1}{5}$컵 (36ml)
뜨거운 물 $\frac{1}{3}$컵 (60ml)

채소의 종류는 취향대로!

1 알배추는 1cm 두께로 썰고, 얼린 두부는 해동 후 반 갈라 1cm 두께로 썰고, 쪽파는 0.5cm 두께로 송송 썬다. 대파는 반 가른 후 6cm 길이로, 양파는 0.5cm 두께로 썬다. 당근은 길이 6cm, 두께 0.5cm로 채 썬다.

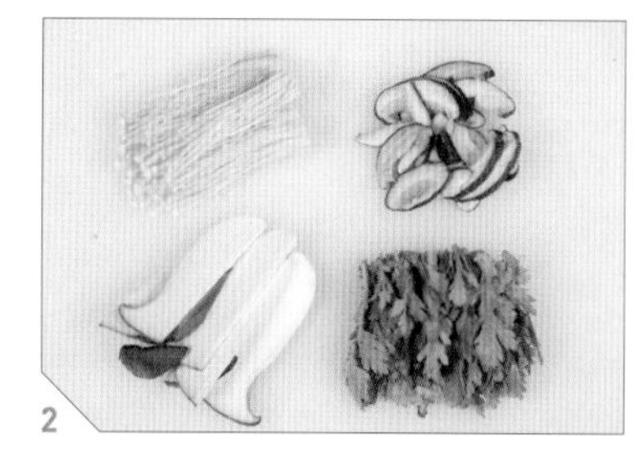

2 팽이버섯은 뿌리를 제거해 주고, 표고버섯은 기둥을 제거한 후 0.5cm 두께로 썬다. 새송이버섯은 길게 반 가른 후 0.5cm 두께로 썰고, 쑥갓은 잎 부분만 준비한다.

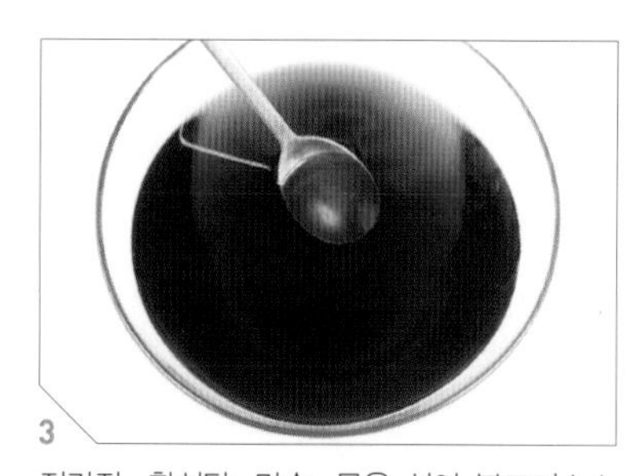

3 진간장, 황설탕, 맛술, 물을 섞어 불고기소스를 만든다.

4 볼에 핏물을 제거한 소고기를 넣고, 고기가 잠길 정도로 ❸번의 불고기소스를 붓는다.

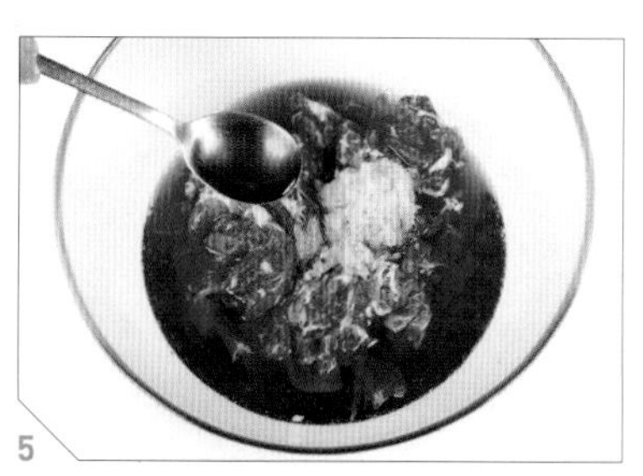

5 소고기가 담긴 볼에 간 마늘, 간 생강, 후춧가루, 참기름을 넣고 섞어 둔다.

재료를 한꺼번에 넣지 말고 중간 중간에 넣어가며 먹는다.

6 전골냄비에 양념에 섞어 둔 고기와 채소를 넣고 끓이면서 소스에 찍어 먹는다.

찍어 먹는 소스 만들기

7 새로운 볼에 ❸번의 불고기소스 3컵과 식초를 넣는다.

8 새로운 볼에 굵은 고춧가루를 넣고 뜨거운 물을 부어 불린다.

9 오목한 소스 종지에 연겨자, ❽번의 불린 굵은 고춧가루, 쪽파를 넣고 ❼번에서 만들어 놓은 소스를 넣어 찍어 먹는 소스를 만든다.

동태찌개

POINT

동태는 생선 중에서 다루기 쉽고,
저렴하면서 맛있고, 보관도 쉽다.
비린내가 적기 때문에 간만 잘 맞추면
담백한 생선찌개를 만들 수 있다.

재료(4인분)

동태 1마리 (1kg)
동태알 1컵 (120g)
동태간 1컵 (120g)
동태이리 1컵 (120g)
두부 $\frac{1}{2}$모 (250g)
대파 2대 (200g)
청양고추 3개 (30g)
홍고추 2개 (20g)
쑥갓 5줄기(50g)
무 210g (7조각)
된장 $\frac{1}{2}$큰술
고추장 1큰술
새우젓 $\frac{2}{3}$큰술
간 생강 약간
간 마늘 1큰술
굵은 고춧가루 $1\frac{1}{2}$큰술
국간장 4큰술
물 7컵(1,260ml)

1
동태의 위와 창자를 버리고, 간, 이리, 알은 따로 빼 두고 물로 깨끗이 씻어 손질해 둔다.
(동태 손질하기 91쪽 참조)

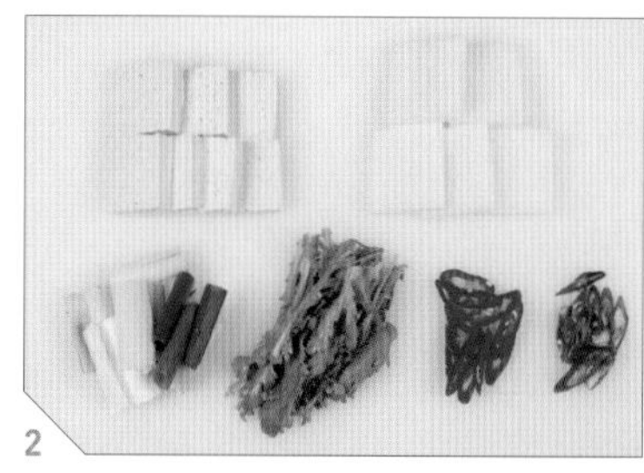

2
두부는 반 가른 후 1cm 두께로, 무는 가로 5cm, 세로 4cm, 두께 1cm의 사각형으로 썬다. 대파는 길게 반 가른 후 5cm 길이로, 쑥갓은 8cm 길이로 줄기를 제거해서 준비한다. 홍고추와 청양고추는 0.8cm 두께로 어슷 썬다.

3
냄비에 손질해 둔 동태, 무, 물을 넣고 강불에서 끓인다.

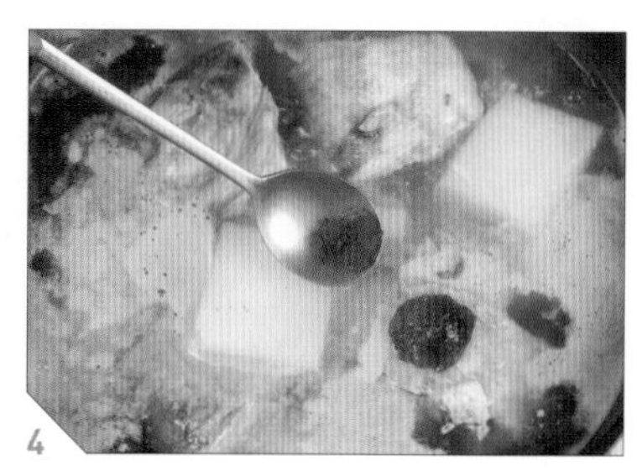

4
동태가 하얗게 익으면, 고추장과 된장을 넣고 중불에서 10분 정도 더 끓인다.

5
무가 투명하게 익으면 간 마늘, 간 생강, 굵은 고춧가루, 새우젓, 국간장을 넣는다.

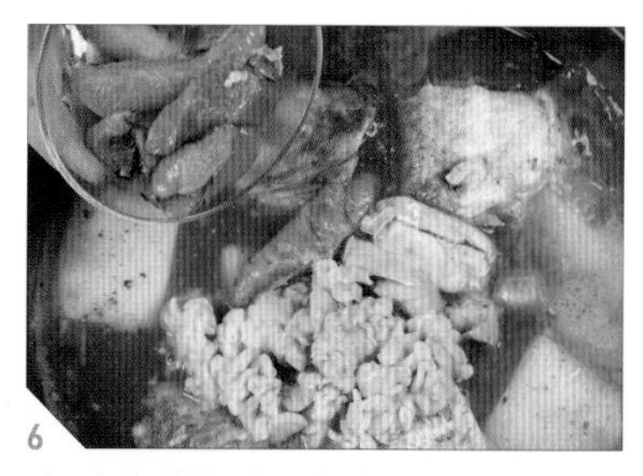

6
간, 이리, 알을 넣고 잘 섞는다.

7
두부를 넣는다.

8
내장이 하얗게 익으면 대파, 홍고추, 청양고추를 넣고 섞는다.

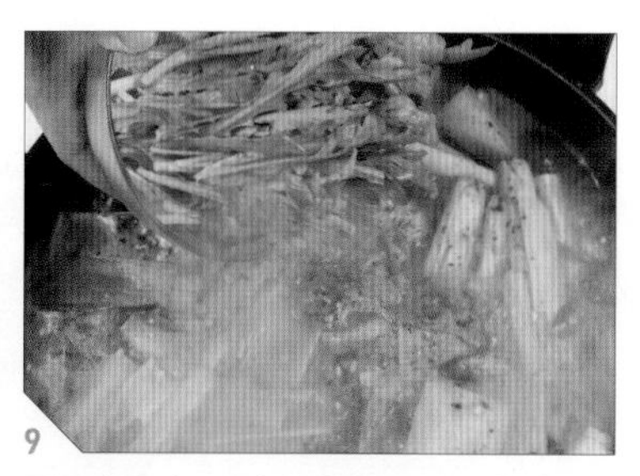

9
국물이 끓어오르면 불을 끄고, 쑥갓을 올려서 완성한다.

굴탕

추위를 날려 줄 겨울철 대표 보양식!
이 조리법은 홍합탕이나 조개탕을 끓일 때도
그대로 응용할 수 있다.

재료(4인분)

굴 1봉지(250g)
대파 $\frac{1}{2}$대(50g)
애호박 1컵(75g)
홍고추 1개(8g)
청양고추 2개(20g)
표고버섯 2개(40g)
부추 $\frac{1}{2}$컵(약 18g)
무 $\frac{1}{2}$컵(55g)
새우젓 1큰술
간 마늘 $\frac{1}{2}$큰술
국간장 1큰술
식초 1큰술
물 4컵(720ml)

Tip

취향에 따라 두부나 쑥갓을 추가할 수 있다. 굴탕처럼 단백질이 있는 국물에 식초를 소량 넣으면 비린내와 잡내를 잡아 맛이 담백해진다는 것도 기억하자.

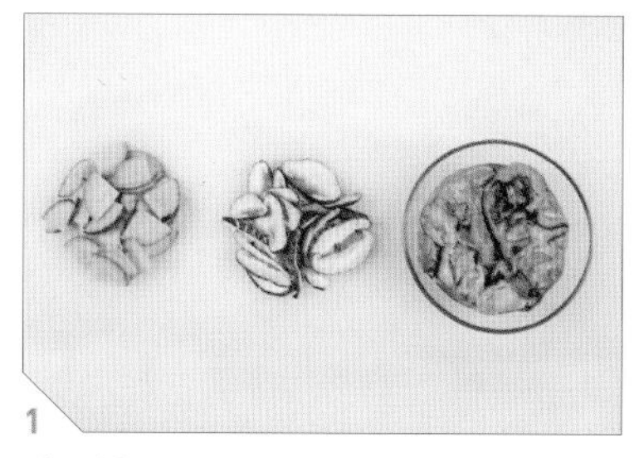

1
애호박은 4등분한 후 0.5cm 두께로 썰고, 표고버섯은 0.5cm 두께로 썬다. 굴은 흐르는 물에 살살 씻어 둔다.
(굴 손질하기 87쪽 참조)

2
홍고추, 청양고추, 대파는 길이 3cm, 두께 0.5cm로 어슷 썰고, 부추는 5cm 길이로 썰고, 무는 길이 5cm, 두께 0.5cm로 채 썬다.

3
뚝배기에 물을 붓고 무, 애호박, 표고버섯, 대파를 넣은 후 강불에서 끓인다.

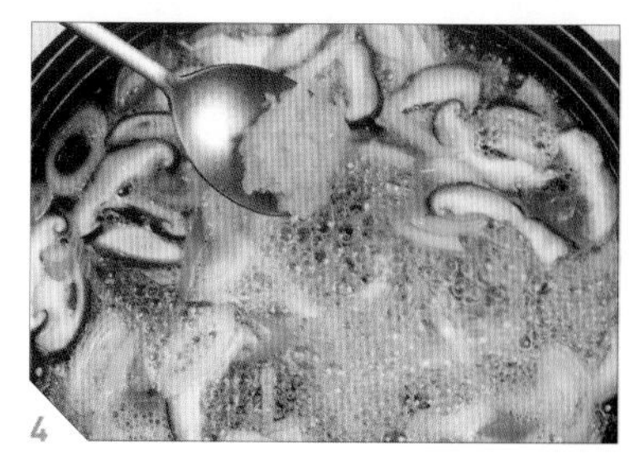

4
국물이 끓어오르면 간 마늘을 넣고 잘 섞는다.

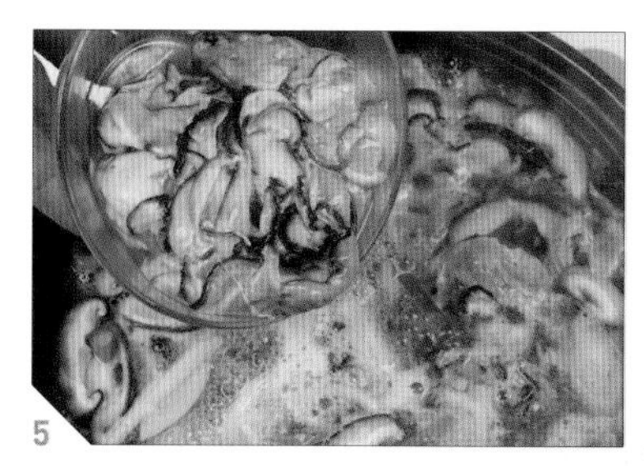

5
씻어 둔 굴을 넣는다.

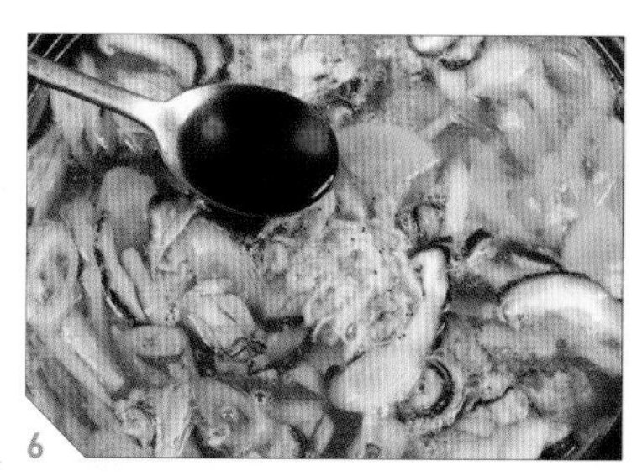

6
새우젓과 국간장으로 간을 한다.

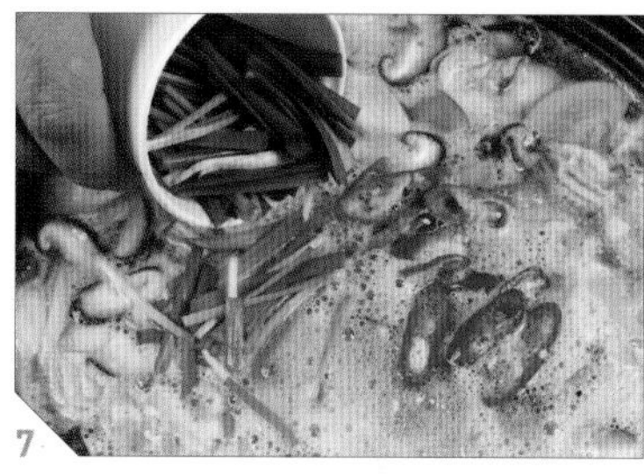

7
국물이 다시 끓어오르면 청양고추, 홍고추, 부추를 넣는다.

8
식초를 넣어 비린내와 잡내를 잡는다.

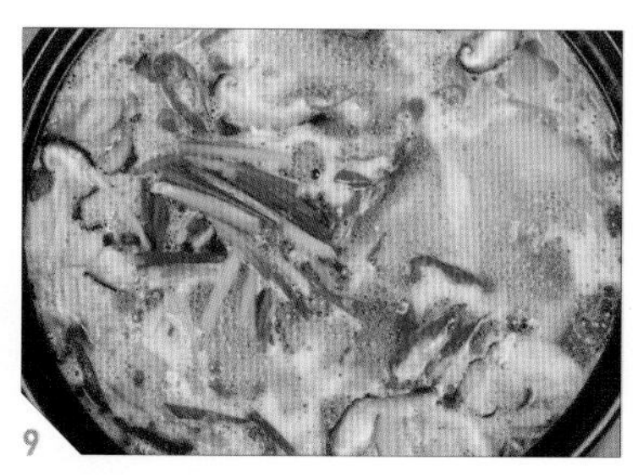

9
팔팔 끓기 시작하면 불에서 내리고 식탁 위에서 보글보글 끓이면서 먹는다.

냉굴탕

POINT

시원한 겨울철 별미, 냉굴탕이다.
끓이지 않고, 신선한 굴의 풍미와 새콤달콤한 맛을 즐길 수 있는 요리다.

굴 1봉지 (250g)
배 $\frac{1}{2}$개 (275g)
쪽파 $\frac{1}{2}$컵 (25g)
청양고추 2개 (20g)
간 생강 $\frac{1}{3}$큰술
간 마늘 $\frac{1}{2}$큰술
굵은 고춧가루 2큰술
진간장 $\frac{1}{3}$컵 (60ml)
황설탕 $1\frac{1}{2}$큰술
식초 5큰술
물 2컵 (360ml)

1
배는 껍질을 제거한 후 길이 5cm, 두께 0.5cm로 채 썰고, 쪽파는 0.5cm 두께로, 청양고추는 0.3cm 두께로 얇게 썬다. 굴은 흐르는 물에 살살 씻어 둔다.

2
볼에 황설탕, 식초, 진간장, 물을 넣는다.

3
재료를 잘 섞어서 냉굴탕 국물을 만든다.

4
국물에 배, 쪽파, 청양고추를 넣고 섞는다.

5
간 생강, 굵은 고춧가루, 간 마늘을 넣고 섞는다.

6
국물에 씻어 둔 굴을 넣는다.

7
재료를 잘 섞어서 냉장고에 넣어 시원하게 만든다.

8
투명한 볼에 먹기 좋게 담아서 완성한다.

시판용 굴은 봉지를 뜯어서 그대로 볼에 담아 굴을 하나씩 손으로 만져가며 껍질 조각을 제거한다.
그러고 나서 흐르는 물에 한 번 살살 씻어 둔다.

20분 육개장

POINT

육개장은 손이 많이 가는 음식이다.
제대로 끓이려면
기본적으로 3시간은 걸린다.
전통적인 육개장 조리법을
살짝 변형하여 20분 만에
완성할 수 있는
초간단 레시피를 소개한다.

재료(4인분)

소고기(불고기용) 2컵(180g)
달걀 2개
불린 당면 2컵(120g)
대파 $2\frac{1}{3}$대(228g)
(육개장용 2대, 고명용 $\frac{1}{3}$대)
느타리버섯 2컵(80g)
표고버섯 2컵(60g)
불린 고사리 140g
숙주 4컵(280g)
간 생강 약간
간 마늘 $1\frac{1}{2}$큰술
굵은 고춧가루 3큰술
국간장 $\frac{1}{3}$컵(60ml)
꽃소금 $\frac{1}{3}$큰술
후춧가루 약간
참기름 6큰술
식용유 2큰술
물 6컵(1,080ml)

1
물에 불린 고사리는 5cm 길이로 듬성듬성 썰고, 불린 당면을 준비한다.

2
대파 2대는 길게 반으로 가른 후 5cm 길이로, 대파 $\frac{1}{3}$대는 0.3cm 두께로 얇게 썬다. 소고기는 결 반대 방향으로 2cm 폭으로 썬다. 표고버섯은 0.4cm 두께로 썰고, 느타리버섯은 두꺼운 부분을 손으로 잘게 찢는다.

3
깊은 팬에 참기름과 식용유를 두르고 불을 켠 후 5cm 길이로 썬 대파를 넣는다.

4
대파가 숨이 죽을 때까지 볶아 준다.

5
대파가 살짝 숨이 죽으면 소고기를 넣고, 소고기의 핏기가 없어질 때까지 볶는다.

6
소고기의 핏기가 없어지면 굵은 고춧가루를 넣고 볶는다.

7
굵은 고춧가루가 잘 볶아져서 고추기름이 나오면 물을 붓는다.

8
고사리, 표고버섯, 느타리버섯, 간 마늘, 꽃소금, 국간장을 넣고 강불에서 끓인다.

육개장은 끓인 후 한 번 식혔다가 다시 끓이면 맛이 더 깊어진다. 똑같은 레시피로 소고기로 끓이면 육개장, 닭고기로 끓이면 닭개장, 돼지고기로 끓이면 돈개장이 된다.

9 채소가 익으면 숙주와 간 생강을 넣는다.

10 팔팔 끓기 시작하면 달걀을 풀어 빙 둘러 넣고 익힌다.

11 그릇에 불린 당면을 넣어 완성한 육개장을 담은 후 후춧가루, 고명용으로 잘라 둔 대파를 올려서 완성한다.

명태

명태 관련 용어

생태	생 명태
북어	명태를 말린 것
황태	명태를 얼렸다 녹였다 하면서 말린 것
동태	명태를 얼린 것
코다리	명태를 반건조한 것
노가리	명태의 새끼
명란	명태의 알
창란	명태의 창자

동태

동태 손질법

1

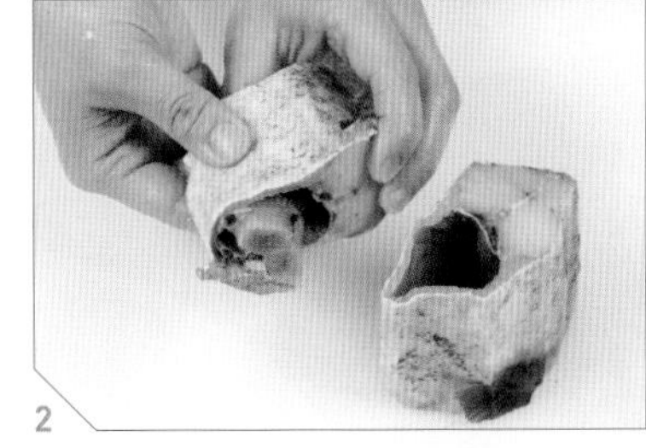
2

* 지느러미는 가위로 제거한다.
* 위와 창자는 떼어서 버린다.
* 간(애), 이리, 알은 따로 떼서 요리에 활용하면 깊은 맛을 낼 수 있다.

* 간(애)

* 이리

* 알

잡채유부전골

POINT

남은 명절 음식 중 하나인
잡채를 넣어 유부주머니를 만들어서
달착지근하면서도 칼칼한
일본식 국물 맛을 즐겨 보자.

재료(4인분)

잡채 3컵 (300g)
사각 유부 15장 (75g)
시금치나물무침 $\frac{1}{3}$컵 (30g)
느타리버섯무침 $\frac{1}{3}$컵 (약 37g)
콩나물무침 $\frac{1}{3}$컵 (30g)
무채나물무침 $\frac{1}{3}$컵 (40g)
고사리나물무침 $\frac{1}{3}$컵 (약 27g)
달걀 1개
대파 $\frac{1}{2}$대 (50g)
청양고추 $\frac{1}{2}$개 (5g)
쑥갓 1줄기 (10g)
표고버섯 2개 (40g)
양파 $\frac{1}{2}$컵 (35g)
간 생강 약간
진간장 2큰술
황설탕 1큰술
물 6컵 (1,080ml)

추가 육수

진간장 3큰술
황설탕 1큰술
물 2컵 (360ml)

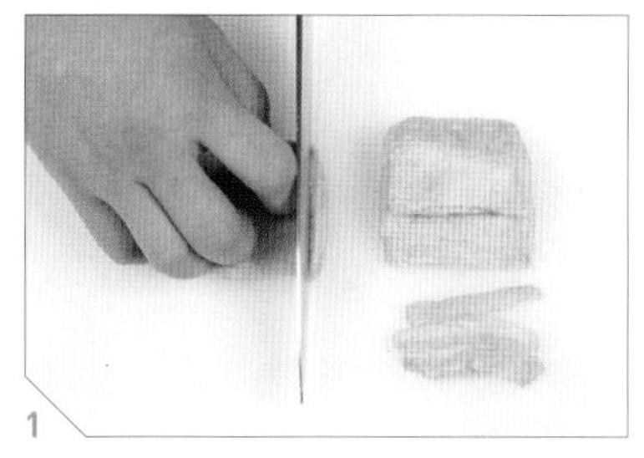

1 유부의 한쪽을 0.3cm 정도 잘라 내어 입구를 만든다.

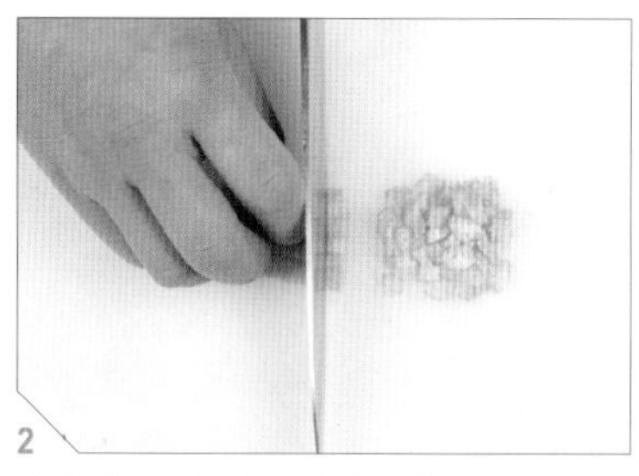

2 잘라 낸 유부는 잘게 다져 둔다.

3 청양고추는 길이 2cm, 두께 0.3cm로, 대파는 길이 3cm, 두께 0.5cm로 어슷 썬다. 표고버섯과 양파는 0.3cm 두께로 얇게 썰고, 쑥갓은 반으로 자른다.

4 볼에 잡채와 잘게 다져 놓은 유부 자투리를 넣는다.

5 가위로 잡채와 유부 자투리를 잘게 잘라 속을 만든다.

6 유부의 $\frac{3}{4}$정도를 속으로 채운 후 이쑤시개를 지그재그로 끼워 유부주머니를 만든다.

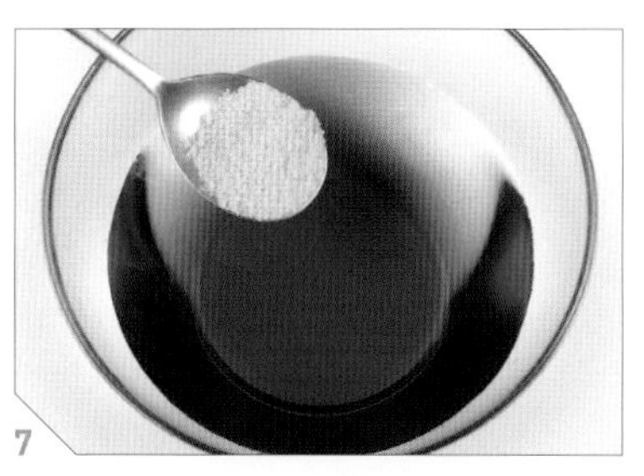

7 물 2컵, 진간장, 황설탕을 섞어 추가 육수를 미리 만든다.

8 넓고 낮은 냄비 가장자리에 유부주머니를 동그랗게 빙 둘러 놓는다.

9

냄비 중앙에 각종 나물을 넣는다.

10

나물 옆에 양파와 표고버섯도 곁들여 놓는다.

11

재료가 잠길 듯 말 듯한 정도가 되도록 물 6컵을 붓는다.

12

진간장, 간 생강, 황설탕을 넣고 강불로 끓인다.

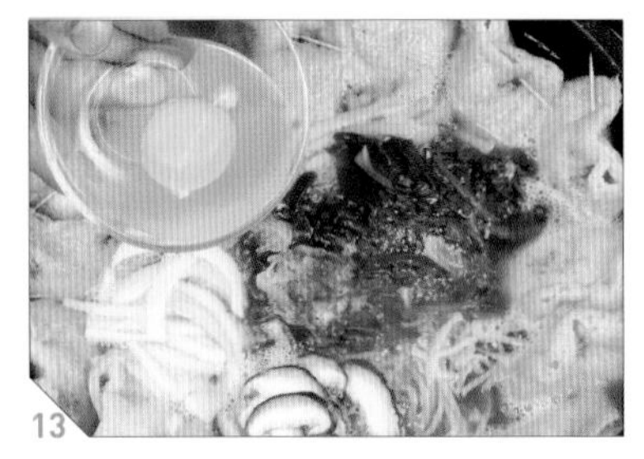

13

국물이 끓어오르면, 냄비 중앙에 달걀을 넣는다.

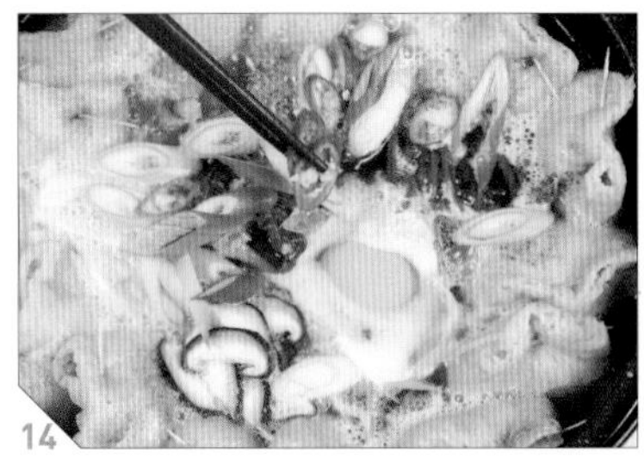

14

달걀을 피해서 청양고추와 대파를 넣는다.

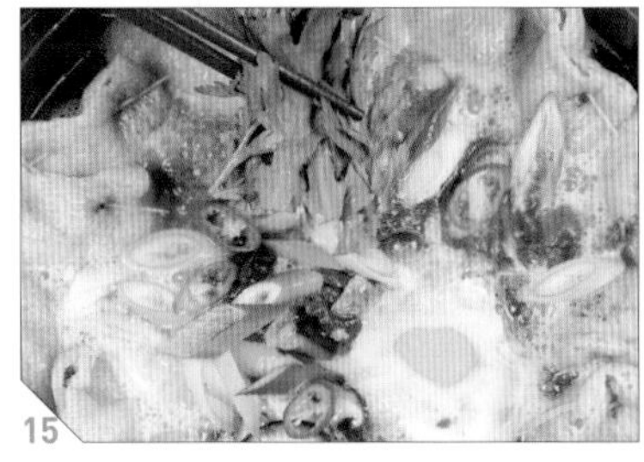

15

쑥갓을 올린 후 끓이면서 먹는다. 국물이 졸아들면 미리 만들어 둔 ❼번의 육수를 추가한다.

유부주머니는 밀폐용기에 차곡차곡 쌓아서, 냉동 보관하면 두고두고 활용이 가능하다. 전골뿐만 아니라 라면이나 찌개 등 국물 요리에 넣으면 다 잘 어울린다.
완성된 전골은 냄비째 테이블 위에 올려 두고, 과정 ❼번에서 만든 육수를 보충하면서 끓여 먹으면 좋다.

집밥 4장

집밥이 풍성해지는, 반찬과 간식

쉽고 맛있는 반찬 요리 !

한식은 밥과 국물이 있어도 반찬을 따로 준비해야 해서
번거롭다고 느낄 수도 있다. 그러나 맛있는 반찬 하나만 있으면
밥 한 그릇 뚝딱 먹을 수 있는 것이 또 한식의 묘미이다.
10분 만에 간단하게 만들 수 있는 나물 반찬,
특별한 날 밥상을 빛내 줄 고기 요리,
출출한 식구들의 작은 행복을 만들어 줄 간식 메뉴들을 소개한다 .

무나물

부드럽게 익은 무의 식감과 고소한 들기름의 조합!
냉장고에 방치된 무를 꺼내 고소하고 달콤한 나물을 만들어 보자.

재료(4인분)

대파 2큰술(14g)
무 3컵(330g)
간 마늘 ½큰술
진간장 3큰술
황설탕 ½큰술
들기름 3큰술
깨소금 2큰술
(버무림용 1큰술, 고명용 1큰술)
쌀뜨물 ½컵(90ml)

1 대파는 0.3cm 두께로 얇게 썰고, 무는 두께 0.5cm, 길이 7cm로 채 썬다.

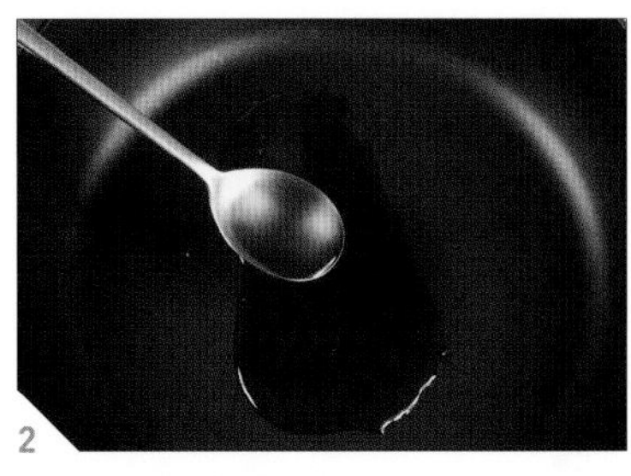

2 넓은 팬에 들기름을 두른다.

3 대파를 넣고 불을 켠 후 중불에서 볶아 파기름을 낸다.

4 파가 노릇노릇하게 익으면, 무를 넣고 볶는다.

5 무를 볶다가 쌀뜨물을 부어 무가 익는 동안 타지 않게 하고 감칠맛을 더한다.

6 황설탕, 간 마늘, 깨소금 1큰술, 진간장을 넣고 볶는다.

7 무가 투명하게 익고, 국물이 자작하게 졸아들 때까지 볶는다.

8 완성된 무나물을 접시에 높이 쌓듯이 담은 후, 깨소금 1큰술을 뿌려서 완성한다.

들기름 대신 참기름이나 식용유를 사용해도 된다. 칼칼한 맛을 원한다면 청양고추를 얇게 썰어서 넣으면 된다.

들기름묵은지볶음

묵은지를 활용한 초간단 반찬!
맛도 좋고 보관도 용이한 효자 밑반찬을 소개한다.

묵은지 $\frac{1}{4}$포기 (약 670g)
대파 $\frac{1}{2}$대 (50g)
간 마늘 1큰술
황설탕 $\frac{1}{2}$큰술
들기름 8큰술
통깨 1큰술

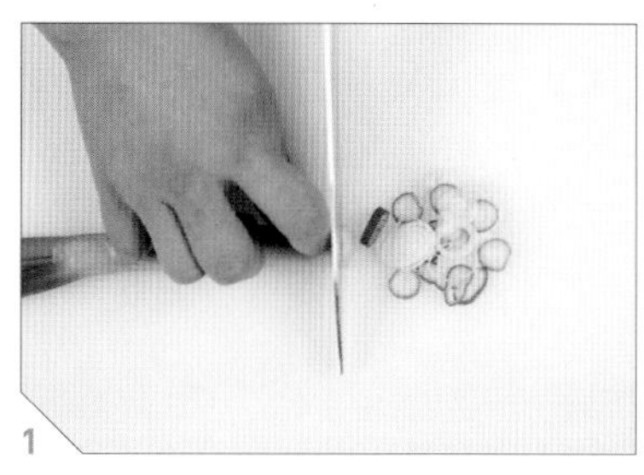

1 대파는 0.3cm 두께로 얇게 썬다.

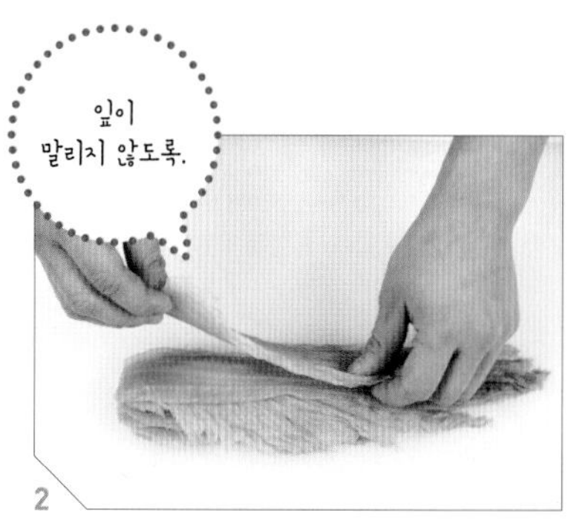

2 묵은지는 소를 털고 살살 씻은 후, 한 잎 한 잎 잘 편다.

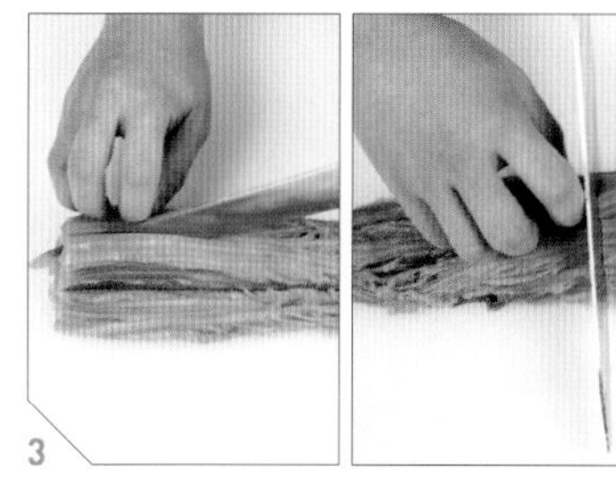

3 묵은지는 반 갈라 잎 부분은 길이 1cm, 폭 2cm로 잘게 썰고, 줄기 부분은 길이 2cm, 폭 2cm로 굵게 썬다.

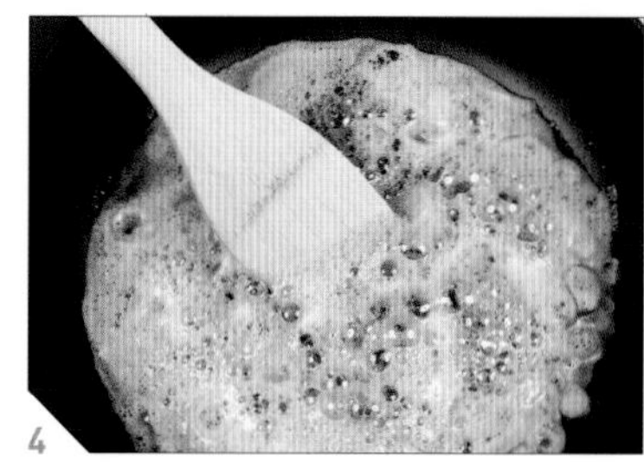

4 넓은 팬에 들기름을 넉넉히 두르고, 대파를 넣은 후 불을 켜고 중불에서 볶는다.

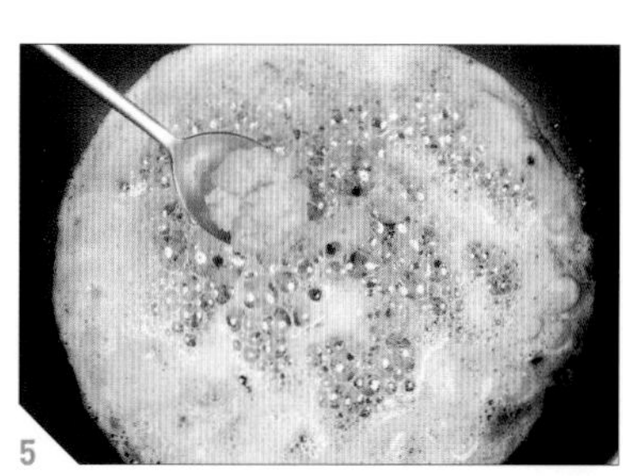

5 들기름의 거품이 올라오면, 간 마늘을 넣고 볶는다.

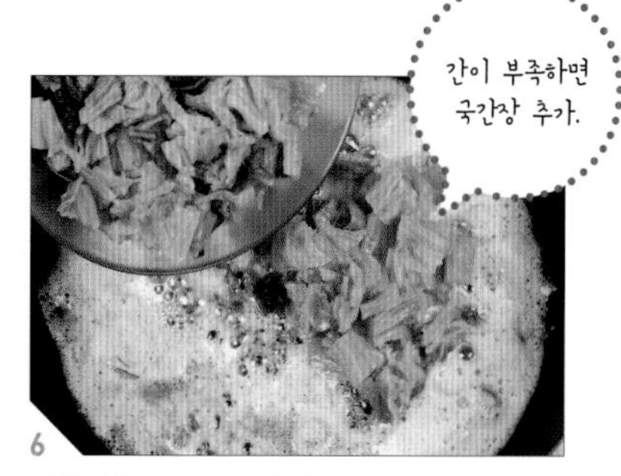

6 묵은지를 넣고 섞으면서 볶는다.

7 묵은지를 볶다가 황설탕을 넣어 묵은지의 군내를 잡는다.

8 묵은지가 푹 익도록 충분히 볶은 후 통깨를 뿌려서 완성한다.

묵은지볶음은 냉장으로 2~3주 정도 보관이 가능하다. 오래 보관하고 싶다면, 오래 볶아서 물기를 많이 날려 주면 된다.

데친순두부와 양념장

POINT

순두부는 집에서 해 먹기 어렵다는
선입견을 없애 줄
아주 간단한 순두부 요리법이다.

과정 ❸ ~ ❺번에서 만든 양념장은 콩나물밥이나 칼국수 등 양념장이 필요한 다양한 요리에 활용 가능하다.
과정 ❼번에서 멸치가루물 대신 콩나물국, 된장국, 미역국, 쌀뜨물 등 집에 있는 다양한 국물을 사용해도 된다.

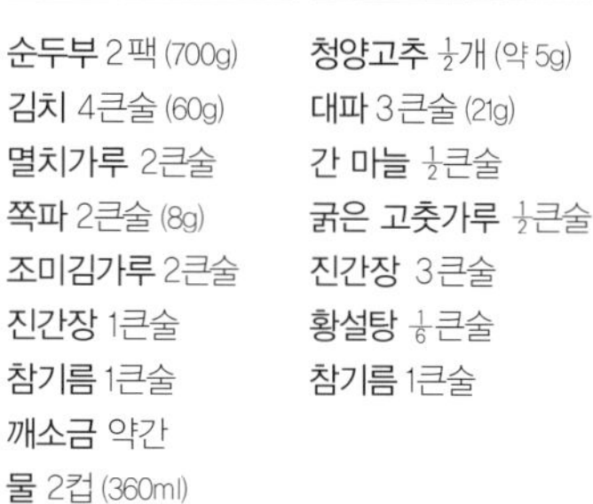

재료(4인분)

순두부 2팩(700g)
김치 4큰술(60g)
멸치가루 2큰술
쪽파 2큰술(8g)
조미김가루 2큰술
진간장 1큰술
참기름 1큰술
깨소금 약간
물 2컵(360ml)

양념장

청양고추 1/2개(약 5g)
대파 3큰술(21g)
간 마늘 1/2큰술
굵은 고춧가루 1/2큰술
진간장 3큰술
황설탕 1/6큰술
참기름 1큰술

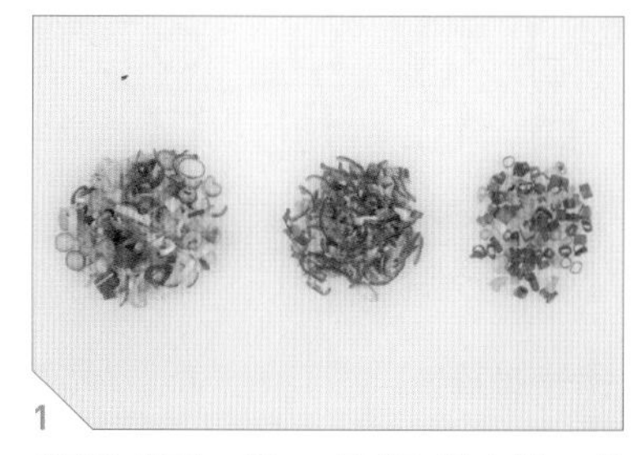

1
대파와 쪽파는 0.3cm 두께로 얇게 썰고, 청양고추는 길게 반 가른 후 0.3cm 두께로 얇게 썬다.

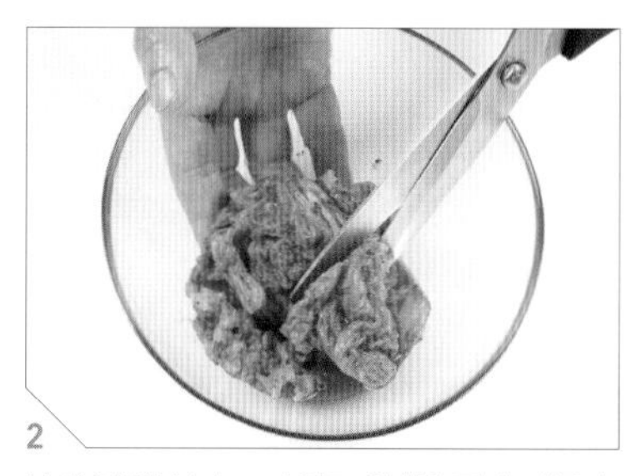

2
볼에 김치를 넣고, 가위로 최대한 잘게 자른다.

양념장 만들기

3
볼에 대파, 청양고추, 간 마늘, 진간장을 넣는다.

4
굵은 고춧가루, 황설탕, 참기름을 넣는다.

5
재료를 잘 섞어 양념장을 만든다.

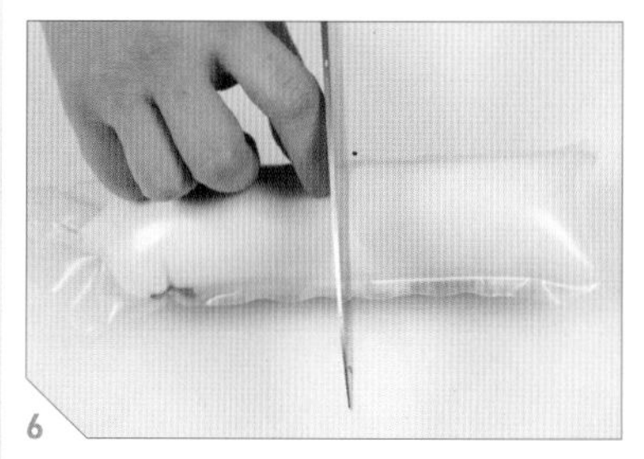

6
순두부는 포장을 벗기지 않은 상태에서 2등분한다.

7
팬에 물을 붓고, 순두부를 포장지를 벗겨 넣은 후 멸치가루를 넣고 중불에서 끓인다.
(멸치가루 만들기 111쪽 참조)

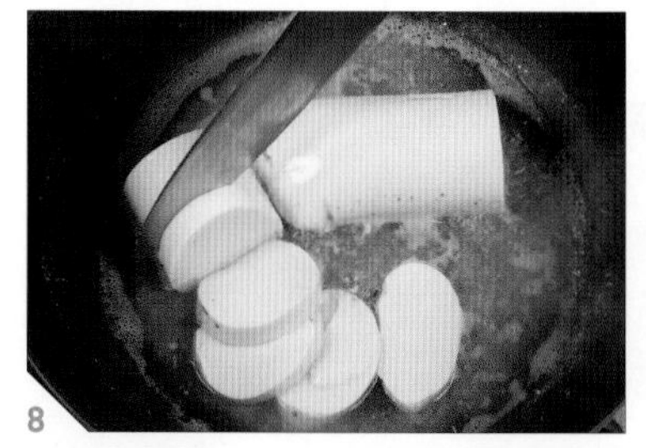

8
국물이 끓으면 칼로 팬 안의 순두부를 1.5cm 두께로 자른다.

9
진간장, 참기름을 빙 둘러 넣은 후 팔팔 끓으면 불을 끈다.

10
넓은 접시에 완성된 순두부와 김치, 양념장, 쪽파, 깨소금, 조미김가루를 올려 낸다.

꽈리고추삼겹살볶음

냉동실에 방치된 오래된 삼겹살의 부활!
꽈리고추가 아삭아삭 씹히는
짭짤하고 매콤한 밥도둑을 소개한다.

재료(4인분)

냉동 돼지고기(삼겹살) 3장(180g)
꽈리고추 11개 (66g)
대파 1대 (100g)
청양고추 5개 (50g)
간 마늘 1큰술
진간장 $\frac{1}{3}$컵 (60ml)
황설탕 1큰술
물 $\frac{1}{3}$컵 (60ml)

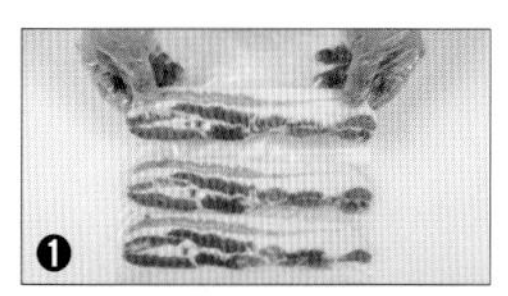

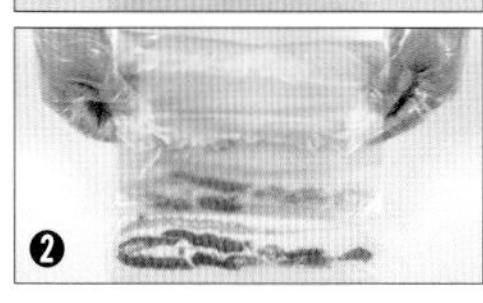

냉동 삼겹살 보관법

비닐팩이나 식재료 전용 종이를 이용하여 고기가 서로 달라붙지 않게 고기를 한 장씩 비닐팩 사이로 넣으면 고기가 얼어도 쉽게 분리할 수 있다. 그런 후 다시 공기가 통하지 않도록 랩으로 싼다. 그 위에 포장 날짜와 고기 부위를 기록해 둔다.

1 청양고추와 대파는 0.5cm 두께로 썰고, 꽈리고추는 꼭지를 따서 다듬은 후에 2cm 두께로 썬다.

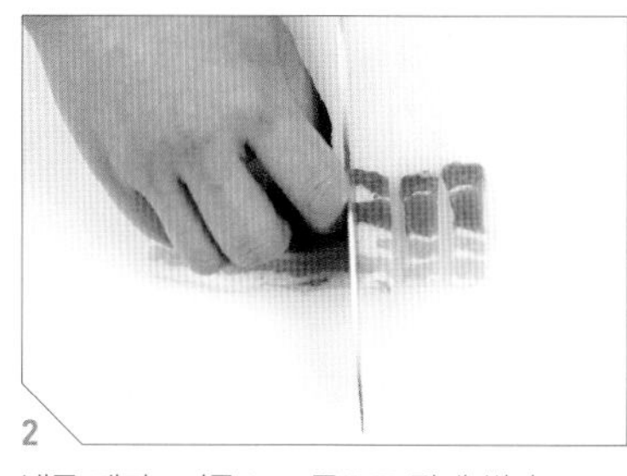

2 냉동 돼지고기를 1cm 폭으로 잘게 썬다.

3 넓은 팬에 돼지고기를 넣고 강불에서 볶는다.

4 돼지고기가 노릇노릇하게 익으면 대파를 넣고 함께 볶는다.

5 황설탕과 물을 넣는다.

6 간 마늘, 진간장을 넣고 잘 섞으며 볶는다.

7 청양고추와 꽈리고추를 넣고 볶는다.

8 고추에 양념이 잘 배도록 볶아서 완성한다.

닭볶음탕

얼큰하고 푸짐한 닭볶음탕 레시피다.
닭 껍질에는 지방이 많아 고소한 맛을 낸다.
껍질을 벗길지 말지는
취향에 따라 선택하면 된다.

재료(4인분)

토막 닭고기(10호) 1마리
대파 2대 (200g)
청양고추 3개 (30g)
홍고추 2개 (20g)
새송이버섯 2개 (120g)
표고버섯 3개 (60g)
당근 $\frac{1}{3}$개 (90g)
양파 1개 (250g)
감자 2개 (400g)
간 마늘 1큰술
굵은 고춧가루 $\frac{1}{2}$컵 (45g)
고운 고춧가루 1큰술
진간장 $\frac{4}{5}$컵 (144ml)
황설탕 3큰술
후춧가루 약간
물 3컵 (540ml)

지방을 줄여서 조리하고 싶다면, 닭고기를 끓이기 전에 팬에 살살 볶아서 기름을 낸 후 기름만 따라 내고 끓이면 된다.
간을 하는 순서를 잘 지켜야 한다. 황설탕이 제일 먼저, 그다음이 진간장, 굵은 고춧가루는 제일 나중에 넣어야 간이 잘 배고, 색도 잘 난다.

1 토막 닭고기는 뼛가루 등 불순물과 내장을 물에 씻어서 제거한 후 가위집을 내어 준다.

2 홍고추와 청양고추는 2cm 길이로, 대파는 4cm 길이로 썬다. 표고버섯은 기둥을 제거하고, 새송이버섯, 감자, 당근, 양파는 먹기 좋은 크기로 큼직큼직하게 썬다.

3 깊은 팬에 닭고기, 물, 황설탕을 넣고 뚜껑을 연 채로 강불에서 끓인다.

4 닭고기가 하얗게 익기 시작하면 감자와 당근, 양파를 넣는다.

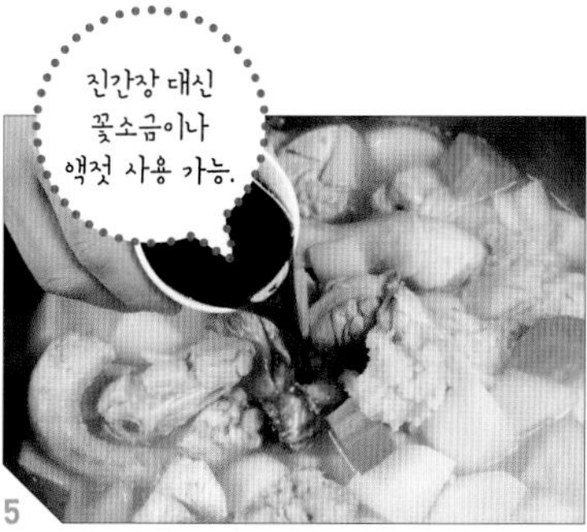

5 15분 정도 더 끓인 후 간 마늘과 진간장을 넣고 잘 섞은 후 끓여 준다.

6 표고버섯, 새송이버섯과 굵은 고춧가루, 고운 고춧가루를 넣고 섞는다.

7 대파, 홍고추, 청양고추를 넣고 섞는다.

8 후춧가루를 뿌려 잘 섞어서 완성한다.

찜닭

아이, 어른 할 것 없이
모두 맛있게
먹을 수 있는 가족 특식!
달콤하고, 짭짤하고, 고소한
집에서 먹는 색다른 닭요리를
준비해 보자.

재료(4인분)

토막 닭고기(10호)1마리
떡볶이떡 2컵 (320g)
불린 당면 3컵 (180g)
새송이버섯 2개 (120g)
표고버섯 3개 (60g)
청양고추 2개 (20g)
대파 2대 (200g)
양파 1개 (250g)
감자 1개 (200g)
고구마 $\frac{1}{2}$개 (150g)
당근 $\frac{1}{4}$개 (약 68g)
말린 홍고추 1개 (4g)
물 1컵 (180ml)

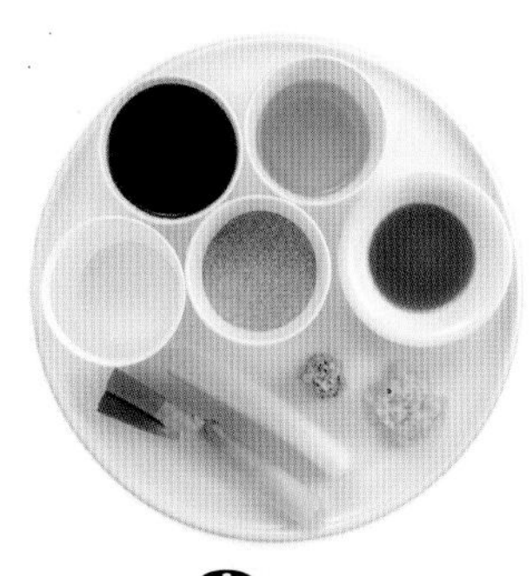

양념장

대파 1컵 (60g)
간 생강 $\frac{1}{4}$큰술
간 마늘 1큰술
진간장 1컵 (180ml)
황설탕 $\frac{2}{5}$컵 (56g)
맛술 $\frac{1}{2}$컵 (90ml)
참기름 2큰술
물 1컵 (180ml)

1 불린 당면을 준비하고, 토막 닭고기는 깨끗이 손질하여 가위집을 낸다. 떡볶이떡은 씻어 둔다.

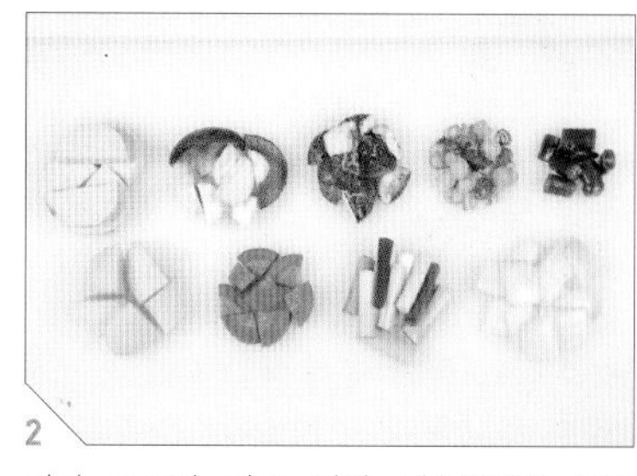

2 감자, 고구마, 당근, 양파, 새송이버섯, 표고버섯은 큼직큼직하게 썬다. 청양고추는 2cm 길이로, 대파 1컵은 0.5cm 두께로, 대파 2대는 5cm 길이로 썬다.

3 볼에 진간장, 맛술, 황설탕, 간 마늘, 간 생강, 0.5cm 두께로 썬 대파, 물 1컵, 참기름을 넣는다.

4 재료를 잘 섞어서 양념장을 만든다.

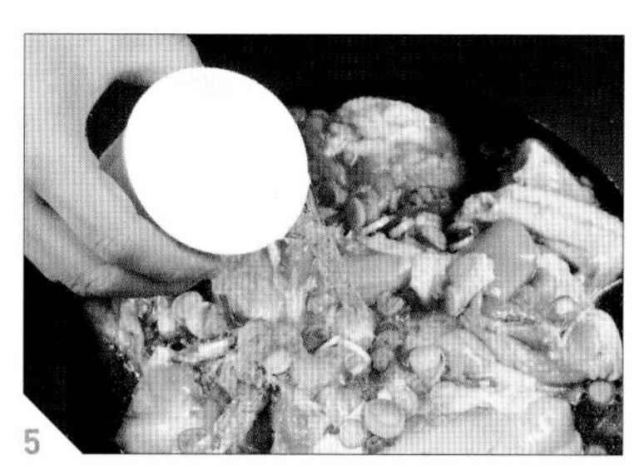

5 깊은 팬에 손질한 닭고기와 양념장, 물 1컵을 넣고 불을 켠다.

6 말린 홍고추를 1cm 두께로 어슷하게 가위로 잘라 고추씨와 함께 넣는다.

7 재료가 잘 섞이도록 저은 후 끓인다.

8 닭고기가 하얗게 익으면 당근, 감자, 고구마, 양파를 넣고 15분간 더 끓인다.

아이들과 함께 먹을 때는 말린 홍고추 대신 피망이나 꽈리고추를 사용하면 좋다. 식당에서 먹는 찜닭의 짙은 색깔을 내고 싶다면, ⑩번 과정에서 캐러멜을 1큰술 추가하면 된다.

9 감자와 고구마가 익으면 표고버섯, 새송이버섯, 떡볶이떡을 넣는다.

10 재료를 잘 섞은 후 떡볶이떡이 말랑말랑하게 익을 때까지 끓인다.

11 떡볶이떡이 말랑말랑하게 익으면 물에 불려 둔 당면을 넣는다.

12 길게 썬 대파와 청양고추를 넣는다.

13 재료를 잘 섞어서 완성한다.

멸치가루

1. 멸치가루 만드는 법

1 국물용 멸치를 준비한다.

2 멸치는 내장과 머리를 제거한다.

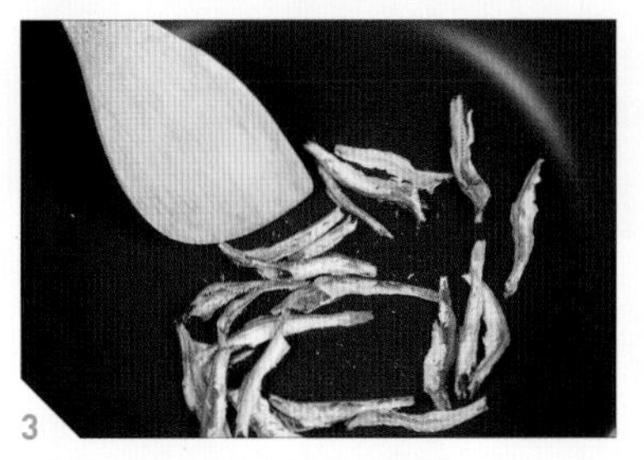

3 식용유 없이 팬에서 살짝 볶는다.

4 볶은 멸치를 식힌 후 믹서기로 곱게 갈아 멸치가루를 만든다.

2. 멸치가루 활용과 보관

* 통멸치를 넣었다 빼는 것보다 진하고 깔끔한 멸치육수를 낼 수 있다.
* 멸치의 식감을 싫어하는 사람들에게 추천한다.
* 물에 멸치가루를 넣고 끓이면 된장국, 해장국, 칼국수 등 다양한 국물요리에 활용이 가능한 기본육수가 된다.
* 멸치가루는 밀폐용기에 담아 냉장 또는 냉동 보관하여 두고 사용할 수 있다.

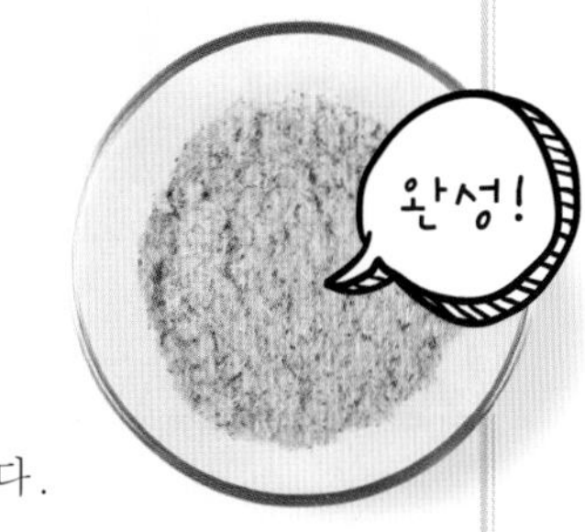

새우가루

* 건새우를 믹서기로 곱게 갈아 새우가루를 만든다.
* 멸치가루와 마찬가지로 물과 함께 끓이면 국물요리의 기본육수로 사용 가능하다.
* 새우가루를 넣고 밥을 볶으면 간단하게 새우볶음밥을 만들 수 있다.

닭똥집볶음

POINT

닭똥집에 대한 선입견을 바꿔 줄 볶음요리다.
닭똥집을 기름에 잘 튀기면 냄새가 사라지고
고소하고 담백해진다.

닭똥집 1컵(170g)
통마늘 4개 (20g)
맛소금 약간
후춧가루 약간
참기름 1큰술
식용유 ½통 (900ml)

튀김용 식용유가 적당한 온도로 달궈졌는지 알아보려면 편 마늘 한 쪽을 살짝 집어넣어 보면 된다. 보글보글 끓어오르면 적당한 온도라고 생각하면 된다.

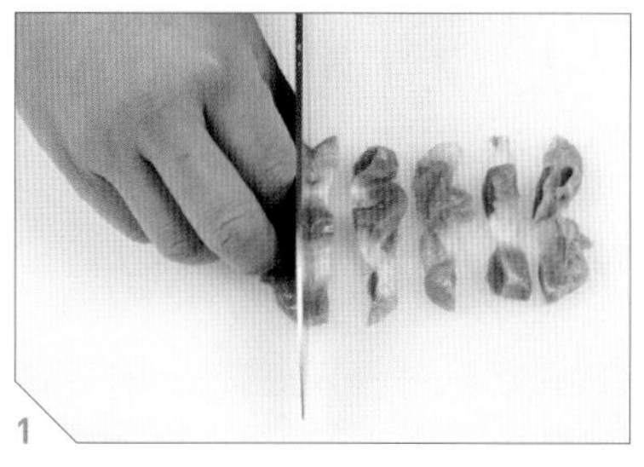
1
닭똥집을 깨끗이 씻어서 물기를 제거한 후 길게 3등분한다.

2
통마늘을 0.5cm 두께로 편으로 썬다.

3
깊은 팬에 식용유를 붓고 불을 켜고 강불에서 달군다.

4
기름이 달궈지면 닭똥집을 넣고 튀긴다.

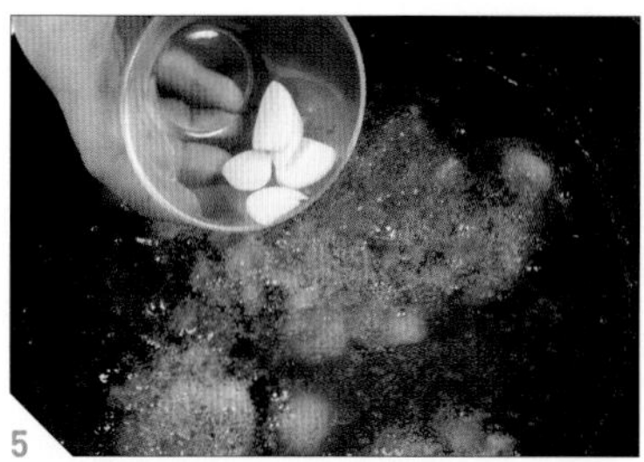
5
닭똥집이 하얗게 익었다 싶을 때 마늘도 함께 넣고 더 튀긴다.

6
마늘이 노릇노릇하게 익으면 닭똥집과 마늘을 체로 건져 내고 불을 끈다.

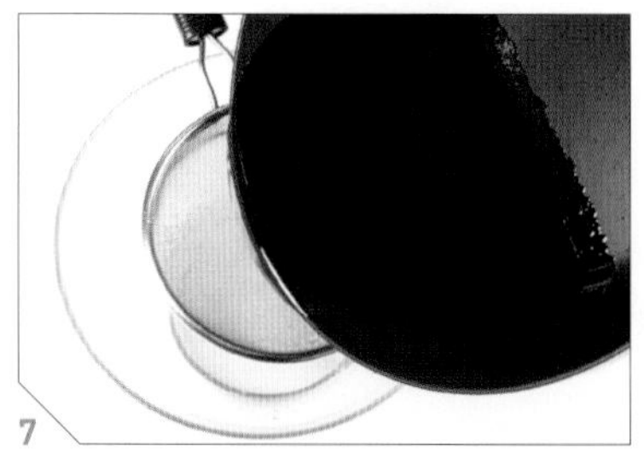
7
팬에 남아 있는 식용유는 따로 따라 내어 재활용할 수 있도록 보관한다.

8
건져 낸 닭똥집과 마늘을 다시 팬에 넣는다.

9
후춧가루, 맛소금, 참기름을 넣고 약불에서 버무리듯 볶아서 완성한다.

돼지고기묵은지찜

냉장고 자리만 차지하고 있던 묵은지의 고급스러운 변신!
한 시간 이상 푹 끓여서 묵은지의 쿰쿰한 냄새가
풍부한 풍미로 변하는 요리를 소개한다.

짧은 시간에 완성하는 돼지고기김치찌개를 할 때는 돼지고기를 미리 끓여서 맛을 우려내는 것이 좋지만,
돼지고기묵은지찜처럼 1시간 이상 푹 끓이는 음식일 때는 굳이 고기를 미리 익힐 필요가 없다.
돼지고기의 지방은 김치의 군내를 잡아 주는 역할을 해서 궁합이 좋다.

돼지고기(앞다리살) 700g
묵은지 $\frac{1}{2}$포기 (약 1,300g)
양파 $\frac{1}{2}$개 (125g)
대파 2대 (200g)
청양고추 4개 (40g)
간 생강 약간
간 마늘 1큰술
굵은 고춧가루 3큰술

된장 $\frac{1}{2}$큰술
새우젓 3큰술
국간장 2큰술
꽃소금 $\frac{2}{3}$큰술
황설탕 2큰술
물 7컵 (1,260ml)

1
양파는 0.5cm 두께로 썰고, 청양고추는 반으로 자르고, 대파는 5cm 길이로 썬다.

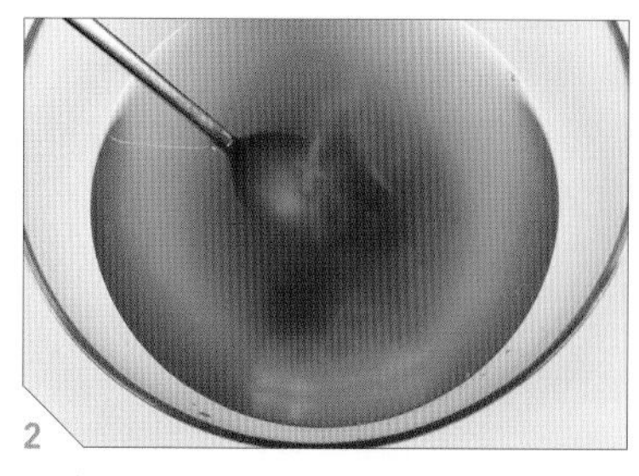
2
볼에 물, 황설탕, 국간장, 새우젓, 된장, 꽃소금을 넣고 잘 섞어서 양념물을 만든다.

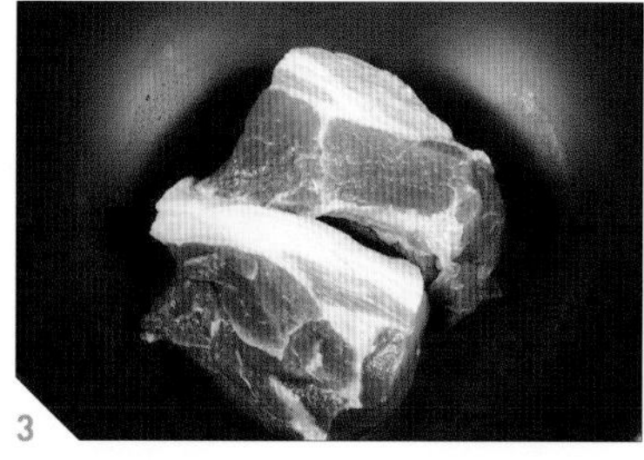
3
깊은 팬에 돼지고기 앞다리살을 2등분해서 넣는다.

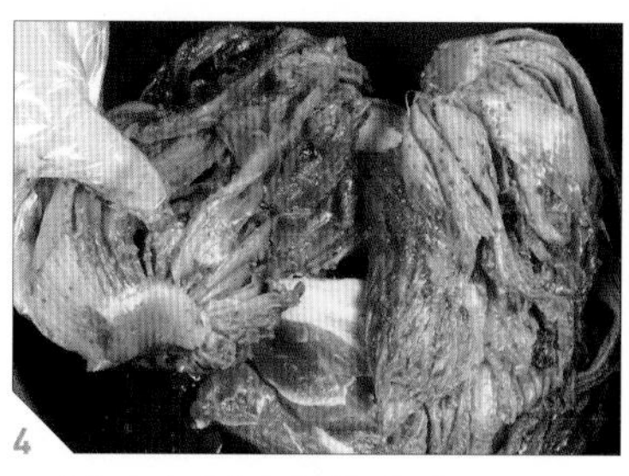
4
고기가 담긴 팬에 묵은지를 통째로 넣는다.

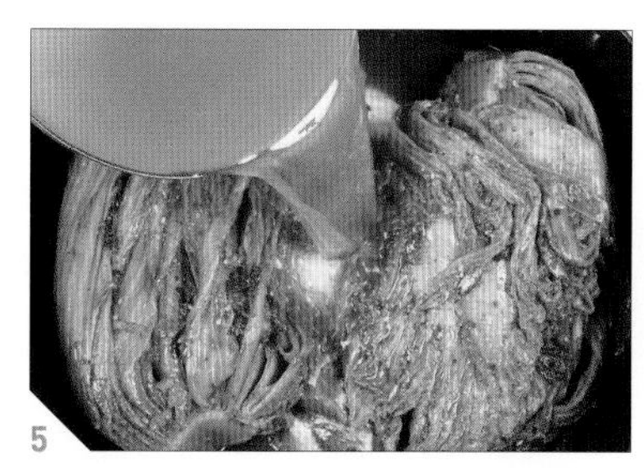
5
❷번에서 만들어 둔 양념물을 팬에 붓는다.

6
양파, 대파, 청양고추, 간 마늘, 간 생강, 굵은 고춧가루를 넣는다.

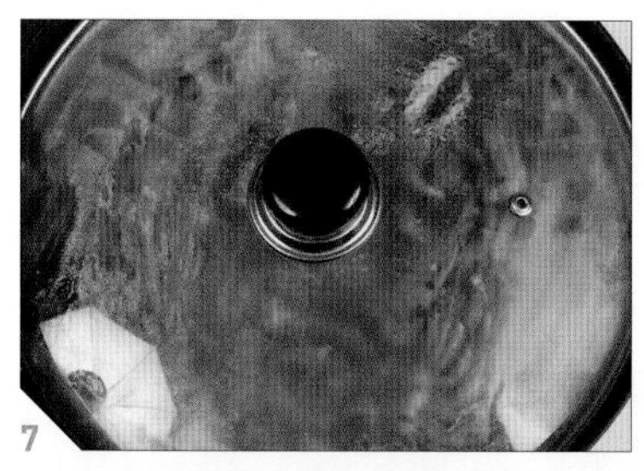
7
뚜껑을 덮고 불을 켠 후 강불에서 끓기 시작할 때까지 끓인다.

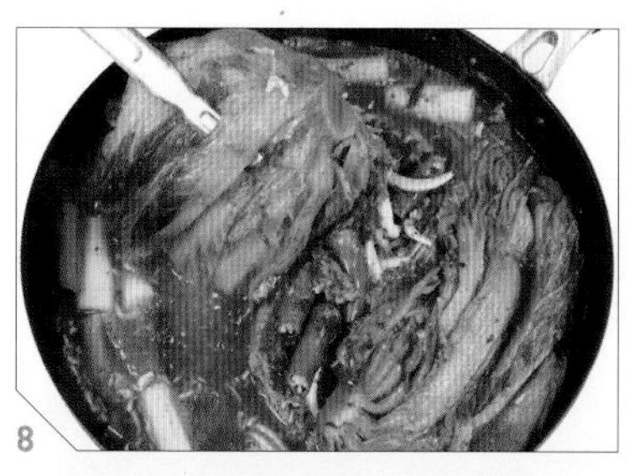
8
끓기 시작하면 뚜껑을 열고 저어 준 후 다시 뚜껑을 덮고 끓인다.

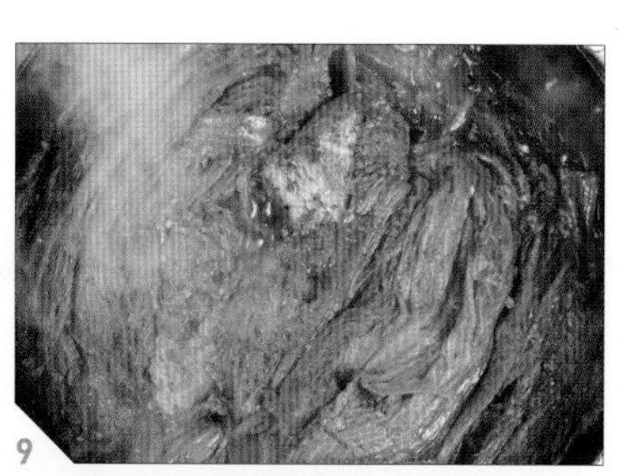
9
약 1~1시간 30분 정도 푹 끓여서 완성한다.

갈비찜

갈비찜은 복잡할 것 같지만
시간이 오래 걸릴 뿐 의외로 간단한 요리다.
만능고기소스를 활용하여 간단하게 만들 수 있는
갈비찜 요리법을 소개한다.

만능고기소스

대파 $\frac{1}{2}$컵 (30g)
간 생강 $\frac{1}{2}$큰술
간 마늘 2큰술
진간장 1컵 (180ml)
황설탕 $\frac{1}{2}$컵 (70g)
맛술 $\frac{1}{2}$컵 (90ml)
참기름 4큰술
물 1컵 (180ml)

1. 만능고기소스 만들기

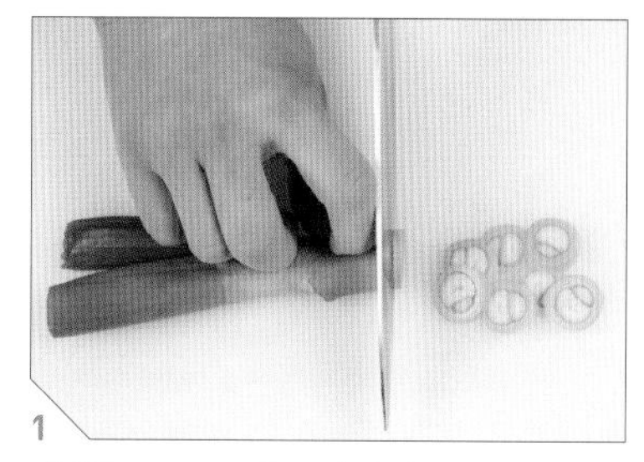

1 대파를 0.3cm 두께로 얇게 썬다.

2 볼에 진간장, 황설탕, 맛술, 물 1컵, 간 마늘, 간 생강, 대파, 참기름을 넣는다.

3 재료를 잘 섞어서 만능고기소스를 완성한다.

재료(4인분)

소고기(갈비) 2kg
무 100g (4조각)
당근 $\frac{1}{2}$개 (135g)
새송이버섯 1개 (60g)
표고버섯 6개 (120g)
청양고추 3개 (30g)
꽈리고추 5개 (30g)
홍고추 2개 (20g)
대파 2대 (200g)
양파 1개 (250g)
물 10컵 (1,800ml)

2. 갈비찜 만들기

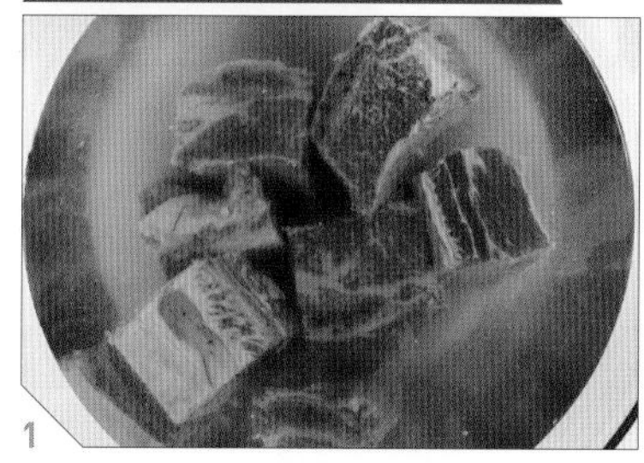

1 갈비는 찬물에 헹궈 불순물을 제거하고, 반나절 정도 물에 담가서 핏물을 제거한다. 중간에 물을 갈아 준다.

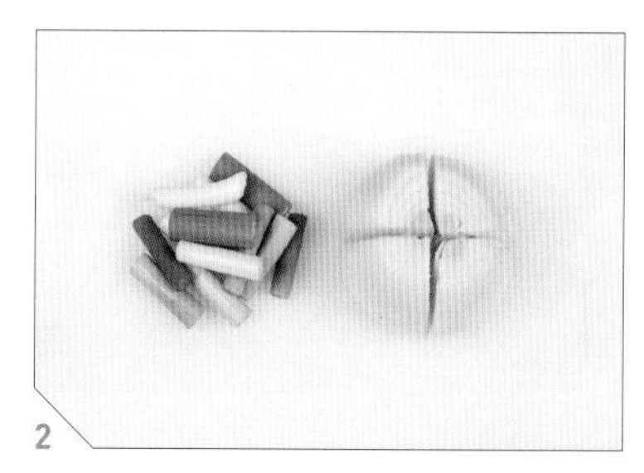

2 대파는 5cm 길이로 썰고, 양파는 4등분한다.

3 청양고추는 반으로 자르고, 홍고추는 2cm 길이로 썰고, 꽈리고추는 2등분한다.

4 당근은 길게 2등분한 후 1.5cm 두께로 썰고, 무는 1.5cm 두께로 썬 후 4등분한다. 무와 당근은 모서리를 깎아 둥글게 만든다.

5

새송이버섯은 1.5cm 두께로 썬다. 표고버섯은 밑동을 제거한 후 윗부분을 십자 모양으로 파낸다.

6

냄비에 갈비를 넣고, 갈비가 잠길 정도로 만능고기소스를 붓는다.

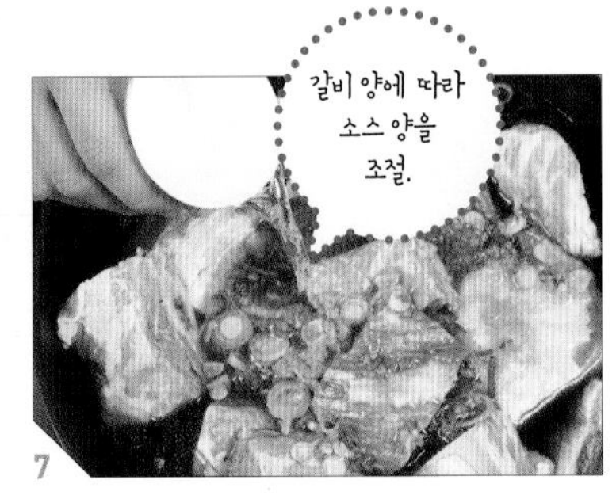

7

물 10컵을 추가하여 강불에서 끓이다가, 끓어오르면 중불로 끓인다.

8

팔팔 끓으면 핏물의 거품을 걷어 낸다.

9

30~40분 정도 끓인 후 무를 넣고 더 끓인다.

10

15분 정도 끓여서 무가 적당히 익으면 당근, 표고버섯, 새송이버섯을 넣고 끓인다.

11

당근이 익으면 청양고추와 꽈리고추를 넣고 섞는다.

12

홍고추, 대파, 양파를 넣고 잘 섞어서 끓인다.

13

국물이 끓어오르면 불을 끄고, 잔열로 익혀서 완성한다.

갈비찜을 할 때 올라오는 거품에는 두 가지 종류가 있다. 지방과 핏물이다. 조리 전에 핏물을 충분히 제거하면, 지방 거품만 올라온다. 이것은 굳이 걷어 내지 않아도 된다. 그러나 핏물이나 불순물이 거품으로 올라올 때는 걷어 내는 것이 좋다. 단, 처음부터 걷어 내기 위해 너무 애쓰지 말고, 어느 정도 끓은 후에 걷어 내자.

 만능고기소스

1. 만들 때 주의할 점 (만능고기소스 만들기 117쪽 참조)

* 대파는 많이 넣을수록 맛있다.
* 참기름은 많이 넣을수록 맛있지만, 너무 많이 넣으면 쓴맛이 날 수 있다. 4큰술 정도가 적당하다.
* 황설탕 대신 사과나 배 같은 과일을 갈아서 넣으면 고기가 더 연해지고 맛이 풍부해진다.

2. 만능고기소스의 활용

* 만능고기소스만 있으면, 고기를 양념에 재어 놓는 과정 없이 바로 함께 끓여서 요리할 수 있다.
* 갈비찜뿐만 아니라 닭갈비, 돼지갈비, 불고기, LA갈비 등 고기를 재료로 하는 찜, 구이, 볶음 등 모든 요리에 활용이 가능하다.

골뱅이무침

야식으로 먹기 딱 좋은 메뉴, 골뱅이!
이제 시키지 말고, 집에서 직접 만들어 먹자.

재료(4인분)

골뱅이통조림 1캔 (400g)
북어채 2컵 (50g)
건소면 100g
대파 $\frac{1}{2}$개 (50g)
청양고추 2개 (20g)
깻잎 5장 (10g)
양파 $\frac{1}{2}$개 (125g)
당근 $\frac{1}{4}$개 (약 68g)
오이 $\frac{1}{2}$개 (110g)
양배추 $1\frac{2}{3}$컵 (100g)
간 마늘 1큰술
고운 고춧가루 3큰술
진간장 $\frac{1}{2}$큰술
참기름 1큰술
(골뱅이무침용 $\frac{1}{2}$큰술, 소면 양념용 $\frac{1}{2}$큰술)
통깨 $\frac{1}{3}$큰술
물 6컵 (1,080ml)

양념장

고추장 $\frac{1}{3}$컵 (78g)
황설탕 $\frac{1}{3}$컵 (약 47g)
식초 $\frac{1}{3}$컵 (60ml)

1
골뱅이는 체에 밭쳐 국물을 따라 낸다.

2
양파는 0.3cm 두께로 얇게 썰고, 대파는 길이 3cm, 두께 0.5cm로 어슷 썬다. 양배추는 길이 7cm, 두께 0.7cm로 채 썰고, 골뱅이는 세로로 길게 반으로 자른다.

3
깻잎은 세로로 길게 반으로 잘라 0.5cm 두께로 채 썰고, 청양고추는 길이 3cm, 두께 0.3cm로 어슷 썬다. 당근은 길이 5cm, 두께 0.5cm로 채 썰고, 오이는 길게 반 가른 후 길이 4cm, 두께 0.5cm로 어슷 썬다.

4
볼에 손질한 채소를 모두 넣고 미리 잘 풀어서 섞어 둔다.

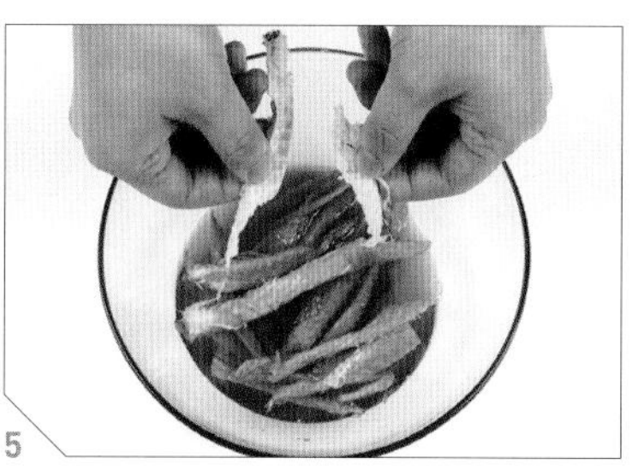

5
북어채는 먹기 좋게 잘라서 따라 낸 골뱅이 국물에 살짝 불린다.

6
고추장, 황설탕, 식초를 섞어서 양념장을 만든다.

7
❹번에서 섞어 둔 채소에 골뱅이, 불린 북어채를 넣고 잘 섞는다.

8
간 마늘을 넣고, ❻번의 양념장을 조금씩 넣으면서 간을 보며 골고루 무친다.

9
색감을 살려 줄 고운 고춧가루와 참기름 $\frac{1}{2}$큰술을 넣고 골고루 무친다.

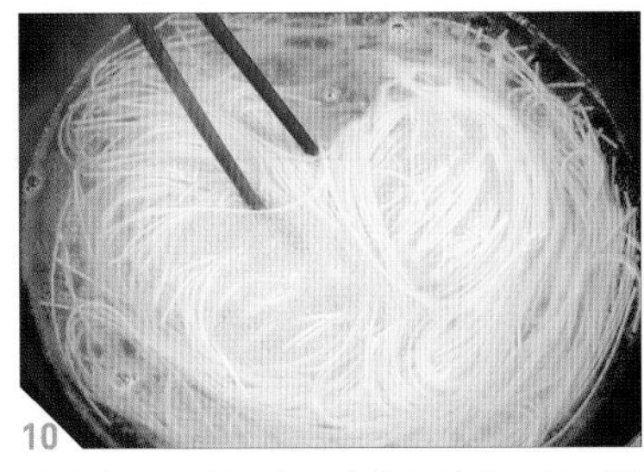

10
냄비에 물 5컵을 넣고 팔팔 끓인 후 건소면을 펼쳐서 넣는다. 젓가락으로 저어 소면이 물에 잠기도록 풀어 준다.

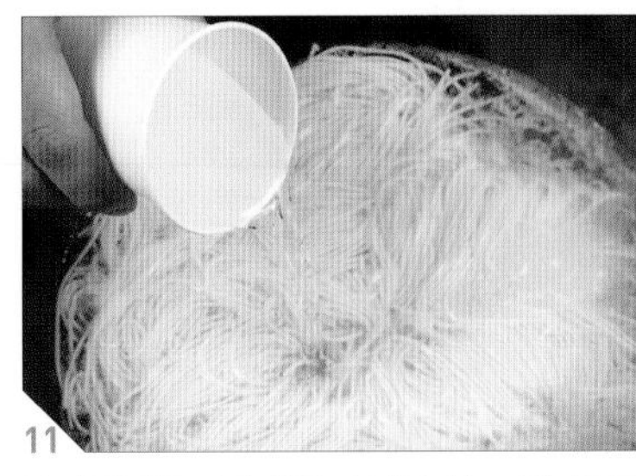

11
물이 끓어오르면 찬물 $\frac{1}{2}$컵을 붓고 젓가락으로 저으며 계속 끓인다.

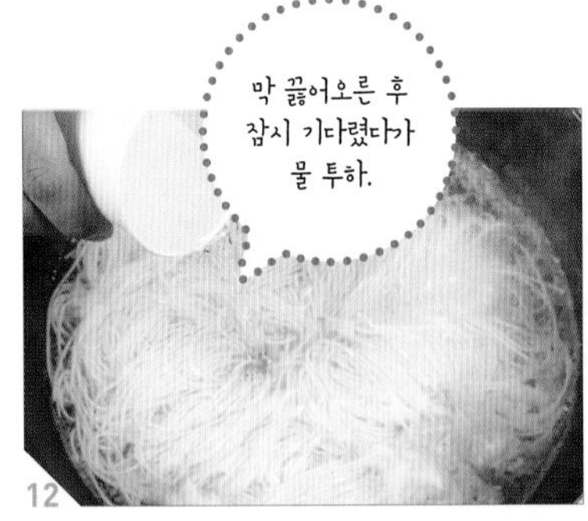

12
물이 두 번째로 끓어오르면 다시 찬물 $\frac{1}{2}$컵을 붓고 젓가락으로 저으며 끓인다.

13
물이 세 번째로 끓어오르면 불을 끄고 체로 소면을 건져 낸다.

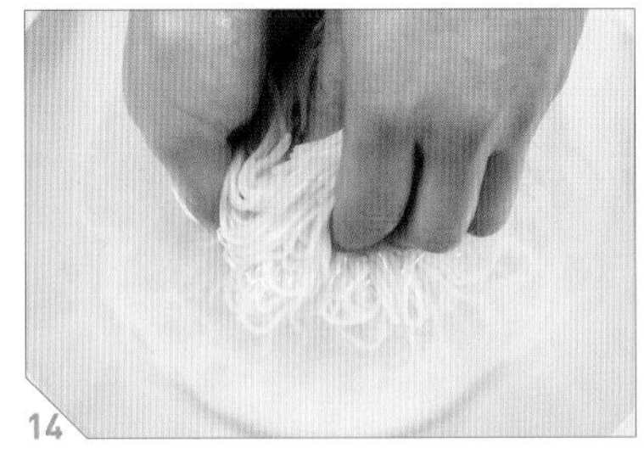

14
건져 낸 소면을 재빨리 찬물이나 얼음물에 넣고 빨듯이 강하게 전분을 제거한다.

15
볼에 소면을 담고 참기름 $\frac{1}{2}$큰술과 진간장을 넣고 섞어 밑간을 한다.

16
접시에 골뱅이무침과 소면을 보기 좋게 담고 통깨를 뿌려서 완성한다.

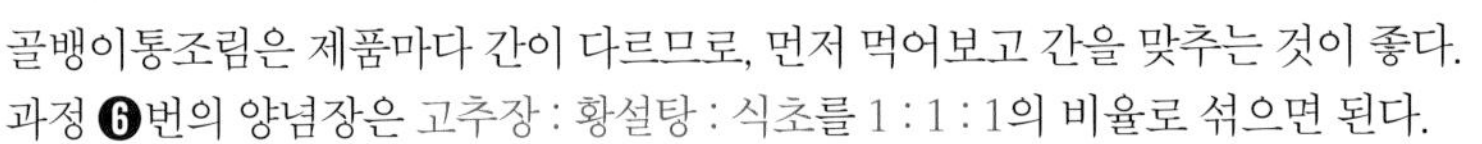

골뱅이통조림은 제품마다 간이 다르므로, 먼저 먹어보고 간을 맞추는 것이 좋다.
과정 ❻번의 양념장은 고추장 : 황설탕 : 식초를 1 : 1 : 1의 비율로 섞으면 된다.

무

무의 부위별 용도

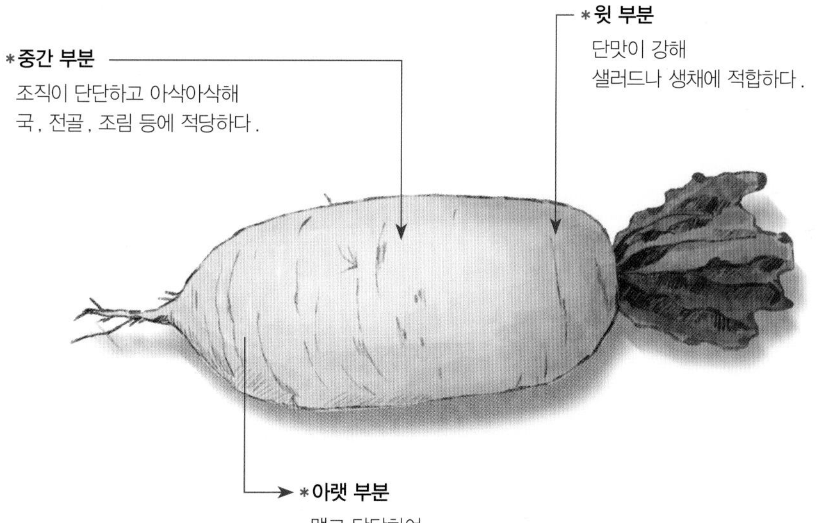

무의 구입과 보관 방법

* 무는 9~11월이 제철이라 가장 맛있다.
* 냉장 보관하면 1~2달도 보관 가능하다.
* 보관 과정에서 안쪽에 구멍이 생긴 것을 '바람이 들었다'라고 한다.
  이렇게 되면 수분이나 비타민 함량과 신선도가 상대적으로 떨어지게 된다.
  바람이 든 무는 크기에 비해 무게가 적게 나가므로 무를 들어 보고 고르면 좋다.

가지튀김

가지는 다양한 조리법으로 활용이 가능한 식재료다.
이번에는 반으로 갈라 속을 채운 후 튀기는
중국식 조리법을 활용해 보았다.
가지로 만들었지만, 고기만두 같은 맛이 나는 별미 요리다.

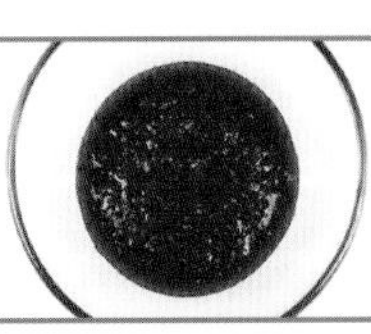

가지튀김은 초간장에 찍어 먹으면 잘 어울린다.
초간장은 진간장 3큰술, 식초 1큰술, 굵은 고춧가루 1큰술을 섞으면 된다.
이 초간장은 만두를 찍어 먹어도 맛있다.

간 돼지고기 1컵 (100g)
대파 1컵 (60g)
부추 $\frac{1}{2}$컵 (30g)
가지 2개(200g)
튀김가루 $\frac{1}{4}$컵 (25g)
간 생강 약간
꽃소금 약간
후춧가루 약간
참기름 3큰술
식용유 1통(1.8L)

튀김가루 $1\frac{1}{3}$컵 (약 133g)
물 1컵 (180ml)

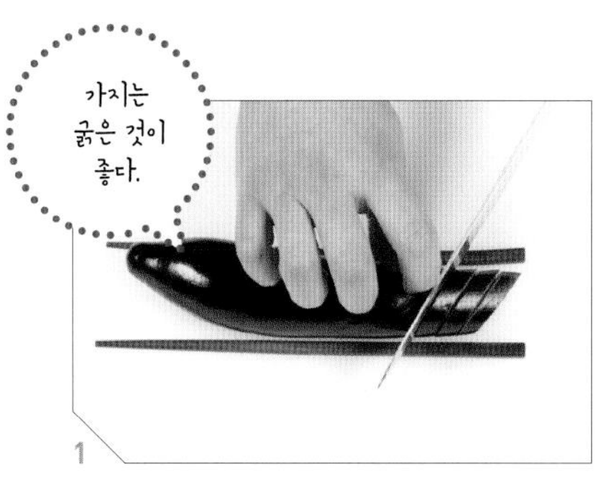

1 가지를 나무젓가락 사이에 끼우고, 1cm 두께로 어슷어슷 칼집을 낸다.

2 칼집 낸 가지가 2장씩 붙어 있게끔 자른다.

3 부추는 0.4cm 두께로, 대파는 0.3cm 두께로 얇게 썰어서 준비한다.

4 볼에 간 돼지고기, 부추, 대파, 간 생강, 튀김가루 $\frac{1}{4}$컵, 꽃소금, 참기름, 후춧가루를 넣고 잘 섞어서 소를 만든다.

5 가지를 벌려서 섞어 둔 소를 넣고 손가락 두께로 잘 다진다.

6 볼에 튀김가루 $1\frac{1}{3}$컵과 물을 넣고 잘 섞어서 튀김옷을 만든다.

7 깊은 팬에 식용유를 붓고 식용유가 달궈지면 가지에 튀김옷을 묻혀 넣어 준다.

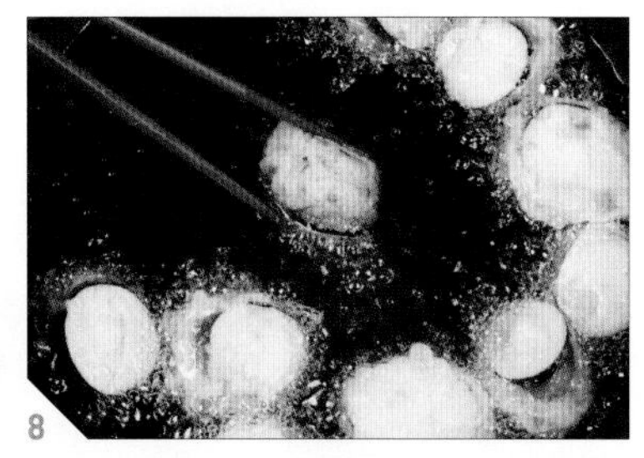

8 가지가 노릇해지도록 앞뒤로 뒤집어 주며 튀긴다.

9 8분 정도 노릇하게 튀긴 후 체에 밭쳐 기름을 빼고 접시에 담아서 완성한다.

두부튀김

얼린 두부를 사용한 별미 요리다.
두부를 얼리면 구멍이 생겨 양념이 쏙쏙 잘 밴다.
양념이 잘 밴 두부와 고소하고 바삭한 멸치의 환상적인 조합을 만나 보자.

유통기한이 임박한 두부가 있다면 일단 냉동실에 넣자.
두부를 냉동하면 구멍이 생겨, 양념이 쏙쏙 잘 배는 훌륭한 식재료가 된다.
냉동된 두부는 물에 담가 해동한 후 위아래로 눌러서 물기를 제거하고 사용하면 된다.

얼린 두부 1모(290g)
잔멸치 $\frac{1}{2}$컵(20g)
쪽파 1큰술(4g)
식용유 1통(1.8L)

간 생강 약간
진간장 $2\frac{1}{2}$큰술
황설탕 $\frac{1}{3}$큰술
식초 약간
맛술 $1\frac{1}{2}$큰술
물 3큰술

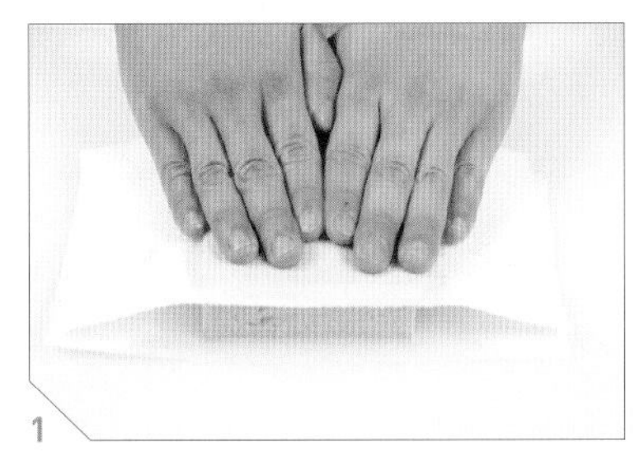

얼린 두부는 팩째로 물에 담가 해동한 후, 위아래로 눌러서 물기를 제거한다.

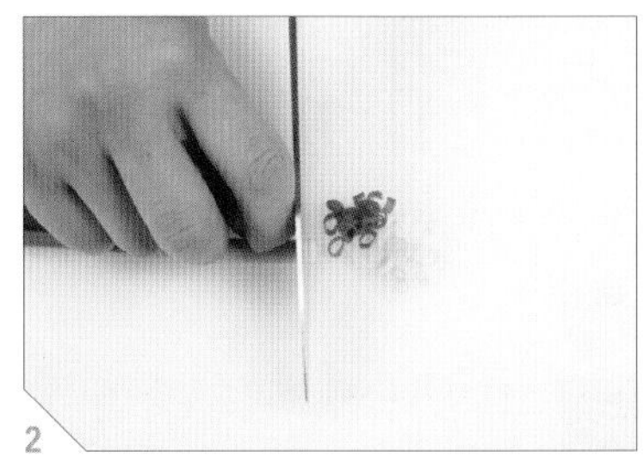

쪽파는 0.3cm 두께로 송송 썬다.

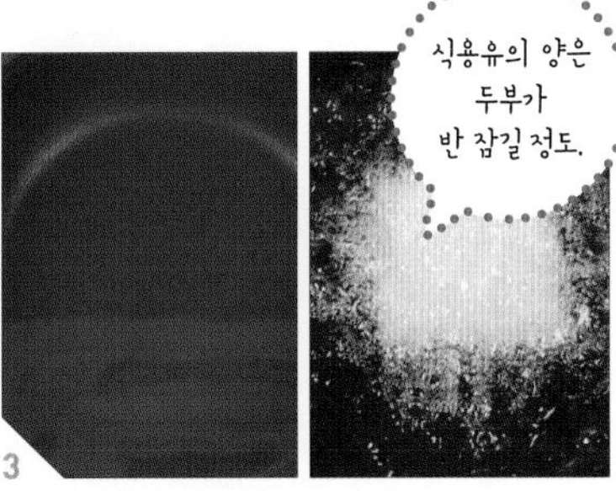

깊은 팬에 식용유를 붓고 불을 켜서 달군 후, 두부를 넣고 강불에서 튀긴다.

두부를 뒤집어 가며 노릇하게 익힌 후 기름을 빼 둔다.

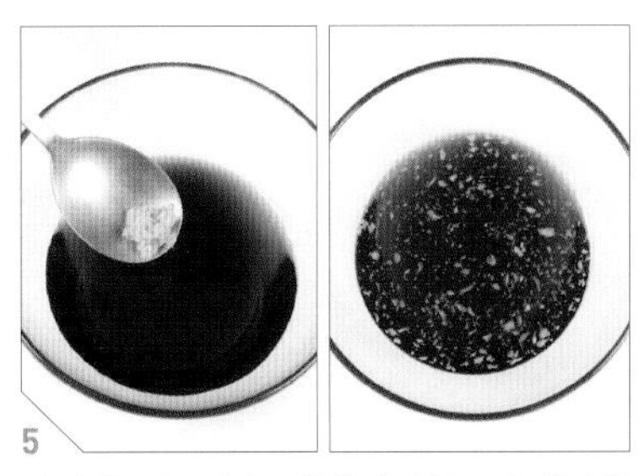

진간장, 물, 맛술, 황설탕, 식초, 간 생강을 섞어 양념장을 만든다.

잔멸치를 체에 밭쳐 두부를 튀겼던 식용유에 바삭하게 튀긴다.

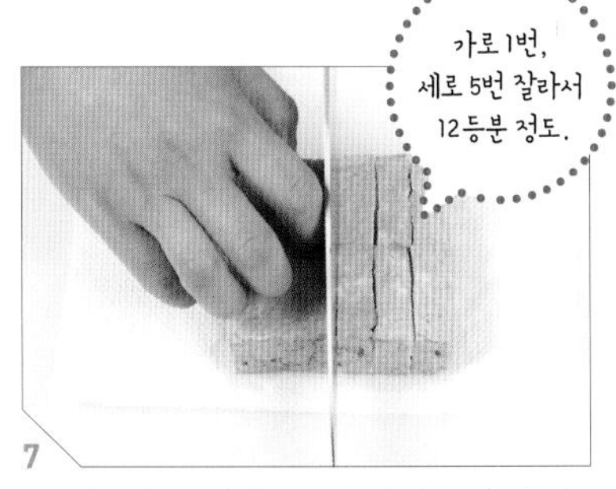

기름을 빼 둔 튀긴 두부에 양념이 잘 배도록 칼집을 낸 후 접시에 올린다.

두부 위에 튀긴 잔멸치를 올린 후 양념장을 붓는다.

썰어 둔 쪽파를 올려서 완성한다.

동태튀김

겉은 바삭, 속은 촉촉한
맛있는 동태튀김.
동태는 뼈가 적어
튀김으로 먹기 좋은
생선이다.

마요네즈소스가 느끼해서 싫다면, 짭짤한 진간장소스를 만들어서 함께 내도 된다.
진간장에 식초를 약간 섞고, 쪽파를 송송 썰어 넣으면 간단히 만들 수 있다.

재료 (4인분)

동태 1마리(1kg)
튀김가루 $\frac{1}{2}$컵(50g)
꽃소금 $\frac{1}{3}$큰술
후춧가루 약간
식용유 1통(1.8L)
물 $\frac{1}{4}$컵(45ml)

마요네즈소스

마요네즈 1컵(180g)
다진 단무지 2큰술(20g)
다진 양파 1큰술(12g)
황설탕 $\frac{1}{2}$큰술
레몬즙 1큰술
식초 1큰술
후춧가루 약간

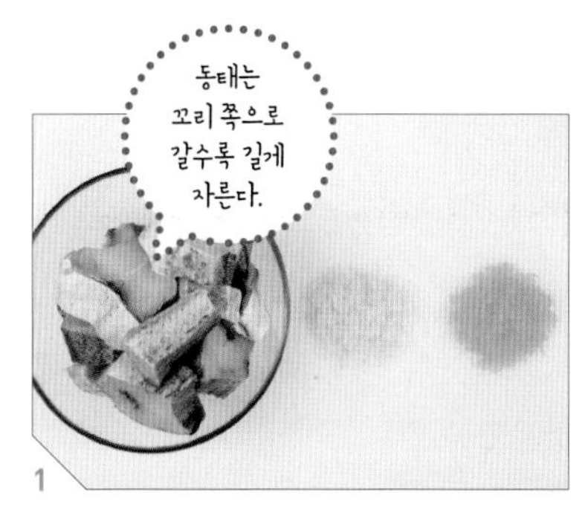

1

손질한 동태는 2~3cm 길이로 썰고, 양파와 단무지는 잘게 다진다.
(동태 손질하기 91쪽 참조)

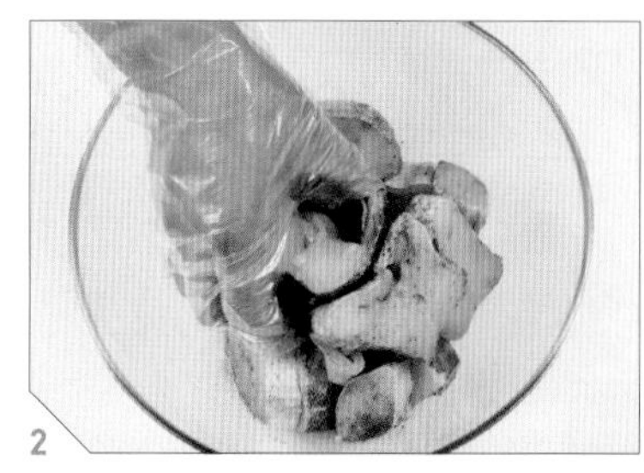

2

동태에 꽃소금과 후춧가루를 넣고 골고루 버무려 밑간을 한다.

마요네즈소스 만들기

3

볼에 마요네즈, 식초, 황설탕, 후춧가루, 다진 단무지, 다진 양파, 레몬즙을 넣는다.

4

재료를 잘 섞어 튀김을 찍어 먹을 마요네즈소스를 만든다.

5

동태에 튀김가루를 넣고 골고루 섞는다.

6

동태에 튀김옷이 살짝 입혀질 정도로 농도를 맞추며 물을 붓고 잘 섞는다.

7

깊은 팬에 식용유를 붓고 불을 켜서 달군 후, 튀김옷을 입힌 동태를 넣고 강불에서 뒤집으며 튀긴다.

8

동태가 노릇노릇하게 익으면 체로 건져서 꺼내 둔다.

9

식용유를 더 달궈서 온도를 높인 후 동태를 다시 넣고 한 번 더 튀긴다.

10

두 번 튀겨 낸 동태튀김과 마요네즈소스를 함께 낸다.

감자전

겉은 바삭하고, 속은 쫀득한 감자전!
감자전은 감자를 강판에 갈아야 해서 힘든 요리다.
강판 대신 믹서기를 활용하면 쉽고 간단하게 감자전을 만들 수 있다.

전분을 가라앉히는 과정은 꼭 필요하다. 전분을 따로 가라앉혀서 감자와 다시 섞어 줘야 쫄깃한 전을 만들 수 있다.

감자 2개(400g)
꽃소금 약간
식용유 4큰술
물 2컵(360ml)

청양고추 1개(10g)
진간장 3큰술
식초 1큰술

1
감자는 껍질을 벗겨 적당한 크기로 자르고, 청양고추는 길게 4등분한 뒤 0.3cm 두께로 얇게 썬다.

2
믹서기에 자른 감자와 물을 넣고 간다.

3
가는 체에 간 감자를 거른 후, 체 밑으로 물과 전분이 가라앉도록 약 10~15분 정도 둔다.

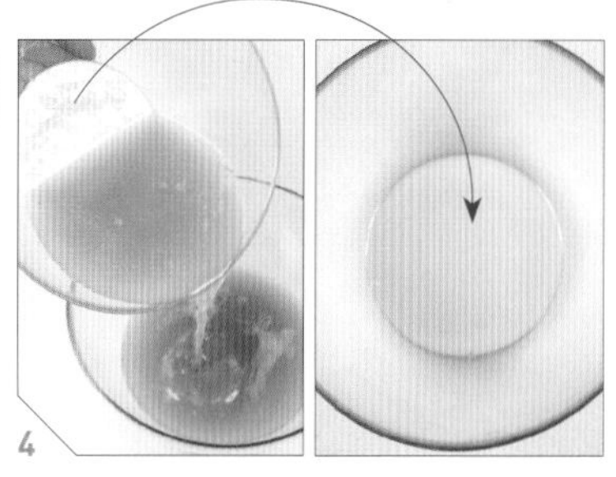

4
물과 전분이 가라앉으면 물을 따라 내고 전분만 남긴다.

5
전분만 남은 볼에 체에 걸러 둔 감자를 섞는다.

6
전분과 감자가 섞인 반죽에 꽃소금을 넣고 잘 섞는다.

7
넓은 팬에 식용유를 넉넉히 두르고 중불에서 팬을 달군 후 적당량의 반죽을 올린다.

8
감자전을 뒤집어 가며 노릇하게 부쳐 준다.

9
볼에 진간장, 청양고추, 식초를 섞어서 양념장을 만든다.

10
잘 익힌 감자전을 양념장과 함께 낸다.

감자수프

POINT

감자의 부드러운 변신!
삶은 감자를 활용하여
부드럽고 고급스러운 수프를 만들어 보자.

재료(4인분)

감자 2개(400g)
양파 2/3개(약 167g)
우유 4컵(720ml)
식빵 모서리 부분 4줄
버터 약 64g
(감자수프용 54g, 크루통용 10g)
꽃소금 약간
황설탕 약간
후춧가루 약간

Tip

감자를 삶을 때 마지막에 물이 갑자기 확 줄기 때문에 태우기 쉽다. 처음부터 물을 충분히 넣고, 마지막에 물이 부족한지 잘 살펴봐야 한다.

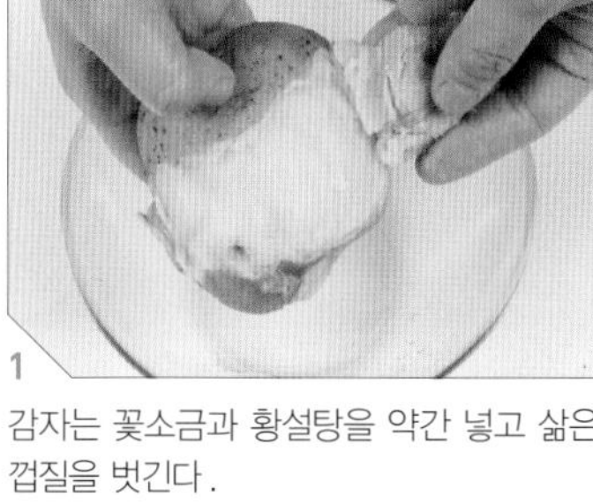

1 감자는 꽃소금과 황설탕을 약간 넣고 삶은 후 껍질을 벗긴다.

2 삶은 감자는 큼직큼직하게 썰고, 식빵 모서리는 사각형으로 썬다. 양파는 0.3cm 두께로 얇게 썬다.

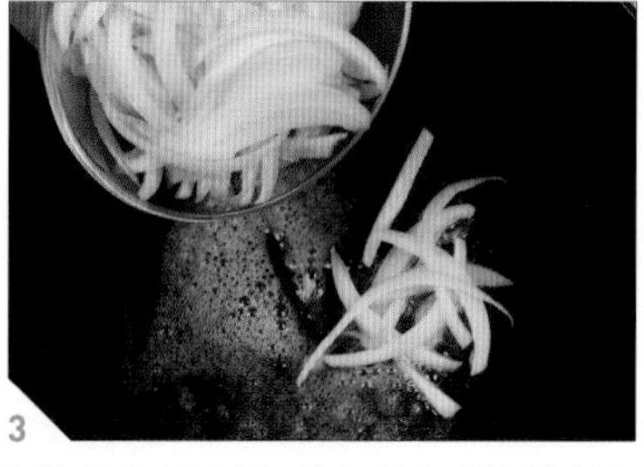

3 넓은 팬에 버터 54g을 녹이고, 양파를 넣고 중불에서 볶는다.

4 양파가 연한 갈색으로 익을 때까지 볶은 후 불을 끄고 식힌다.

5 믹서기에 삶은 감자, 볶은 양파, 우유를 넣고 간다.

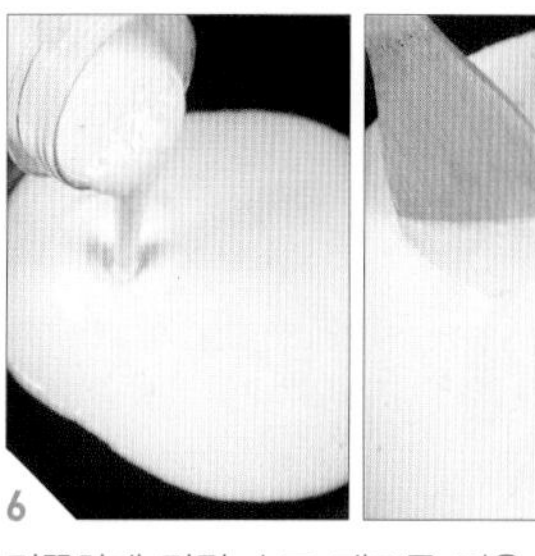

6 걸쭉하게 갈린 수프 재료를 깊은 팬에 넣고, 불을 켜고 중불에서 잘 저으며 끓인다.

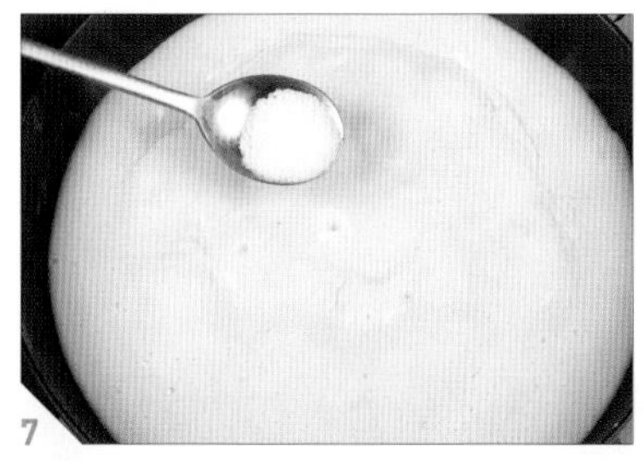

7 수프가 보글보글 끓어오르면, 꽃소금을 넣어 간을 한다.

8 팬에 버터 10g을 녹이고 식빵 모서리를 볶아 크루통을 만든다.

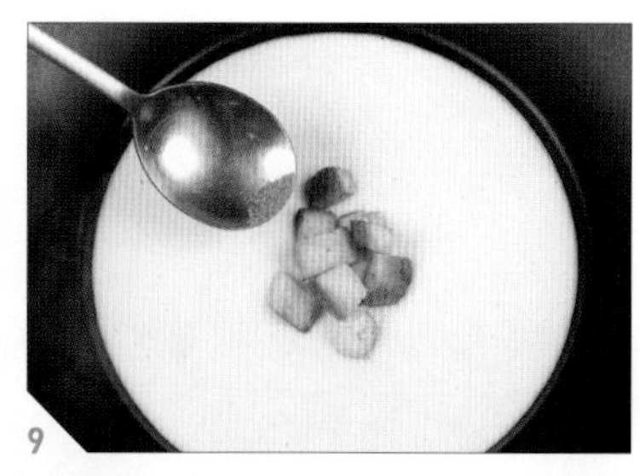

9 그릇에 수프를 담고, 크루통과 후춧가루를 뿌려서 완성한다.

토마토살사샐러드

POINT

토마토와 레몬으로 상큼하게 맛을 낸 샐러드다.
일반적인 살사소스에 청양고추를 더해서
한국인의 입맛에 더 잘 맞고 깔끔한 맛이 난다.

토마토 1개(230g)
레몬 $\frac{1}{2}$개(45g)
청양고추 1개(10g)
양파 $\frac{1}{2}$컵(50g)
꽃소금 약간
황설탕 $\frac{1}{4}$큰술
식초 1큰술

집에 레몬이 없다면 생략 가능하지만, 레몬을 넣어야 상큼한 맛이 배가된다. 돈가스나 오믈렛 같은 일품요리에 함께 플레이팅하면 먹는 사람이 대접 받는 느낌을 받을 것이다.

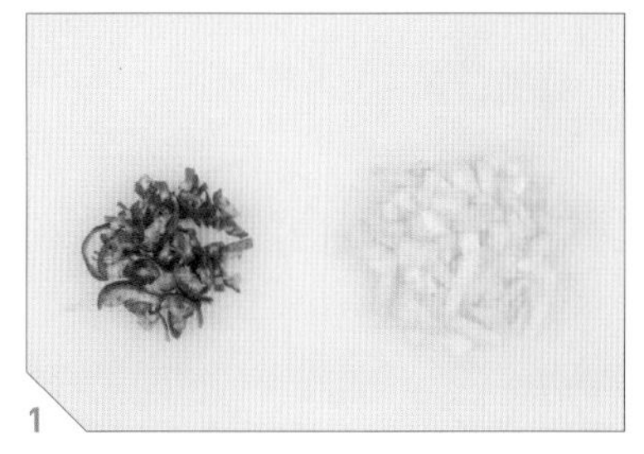

1
청양고추는 길게 반 가른 후 0.3cm 두께로 얇게 썰고, 양파는 사방 0.5cm 크기의 사각형으로 썬다.

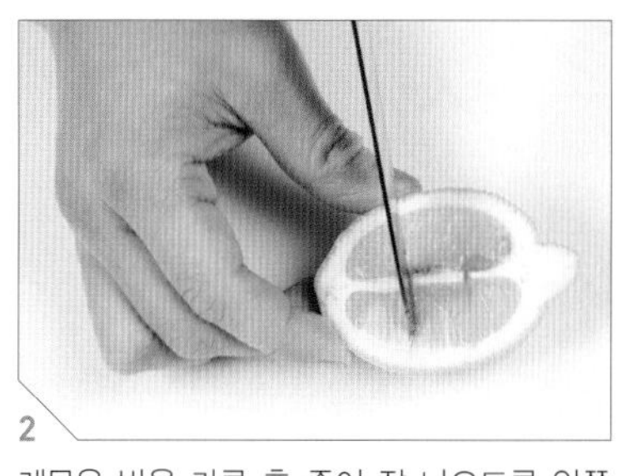

2
레몬은 반을 가른 후 즙이 잘 나오도록 안쪽에 2~3개의 칼집을 낸다.

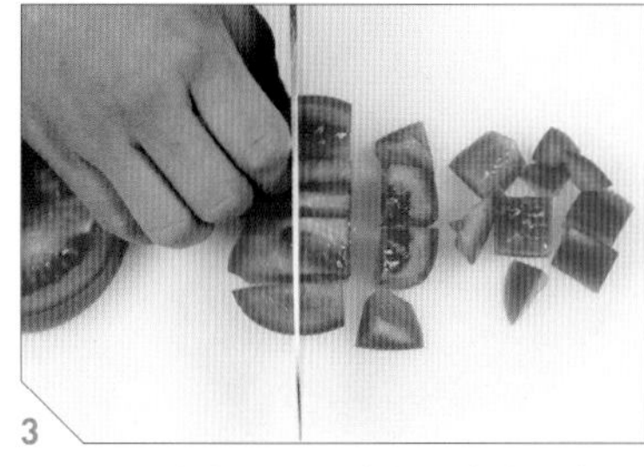

3
토마토는 사방 2cm 크기의 주사위 모양으로 큼직큼직하게 썬다.

4
썬 토마토를 볼에 담고, 가위로 더 잘게 자른다.

5
토마토가 담긴 볼에 양파와 청양고추를 넣는다.

6
볼에 황설탕, 꽃소금, 식초를 넣는다.

7
볼에 담긴 재료를 숟가락으로 잘 섞는다.

8
볼에 레몬즙을 짜 넣는다.

9
숟가락으로 레몬즙을 골고루 섞어서 완성한다.

수제피클

POINT

파스타 같은 양식을 집밥으로 낼 때
식탁의 품격을 높여 줄 수제피클!
숙성 없이 그날 바로 먹을 수 있는
초간단 수제피클 레시피를 소개한다.

오이 1개 (220g)
홍고추 2개 (20g)
청양고추 2개 (20g)
당근 1컵 (90g)
무 2컵 (240g)
통마늘 8개 (40g)
월계수잎 2장
꽃소금 2큰술
황설탕 $1\frac{1}{2}$컵 (210g)
식초 $1\frac{1}{2}$컵 (270ml)
후춧가루 약간
계핏가루 약간
물 $1\frac{1}{2}$컵 (270ml)
사각 얼음

1
오이는 길게 반 가른 후 1.5cm 두께로 썬다. 당근과 무는 길이 5cm, 두께 1.5cm의 막대 모양으로 자른다.

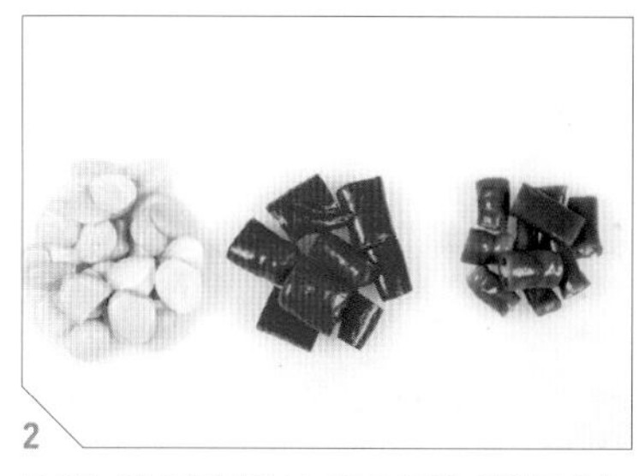

2
통마늘은 2등분하고, 홍고추와 청양고추는 3cm 길이로 썬다.

3
볼에 손질한 채소를 보기 좋게 골고루 섞어 둔다.

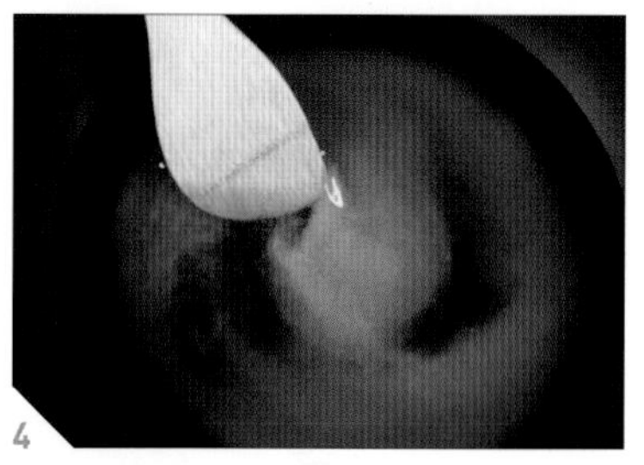

4
깊은 팬에 식초, 황설탕, 꽃소금, 물을 넣고 섞어서 양념물을 만든다.

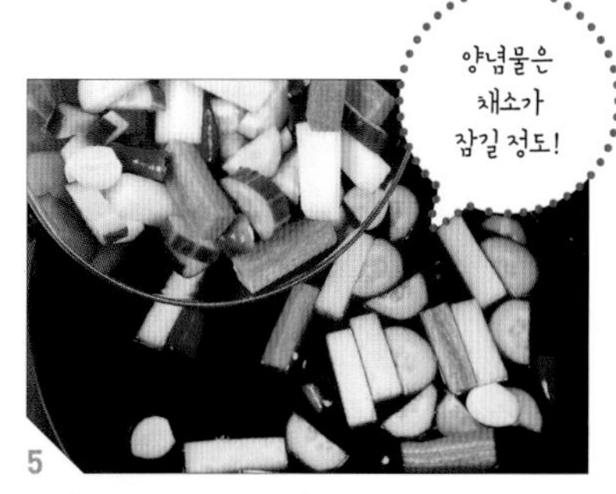

5
양념물에 손질해 둔 채소를 넣는다.

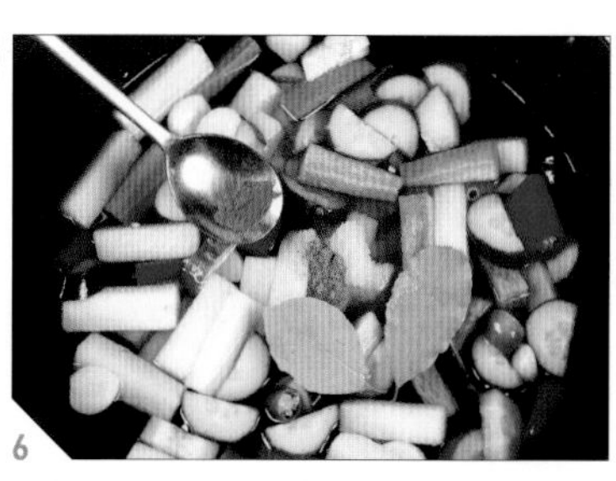

6
후춧가루, 계핏가루, 월계수잎을 넣고 끓인다.

7
국물이 끓어오르면 바로 불을 끈다.

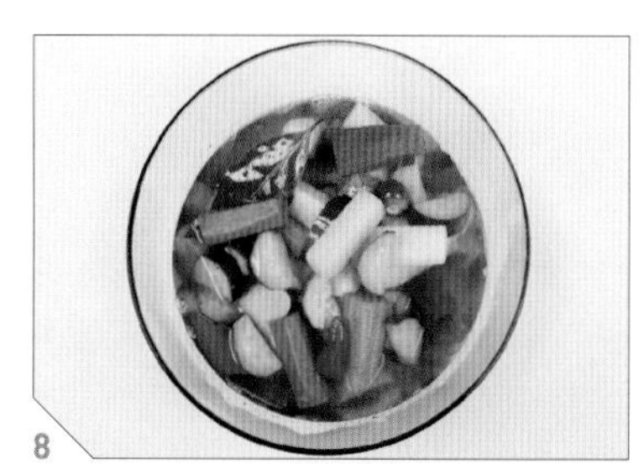

8
뜨거운 피클이 담긴 그릇을 사각 얼음 속에 넣어 식혀서 완성한다.

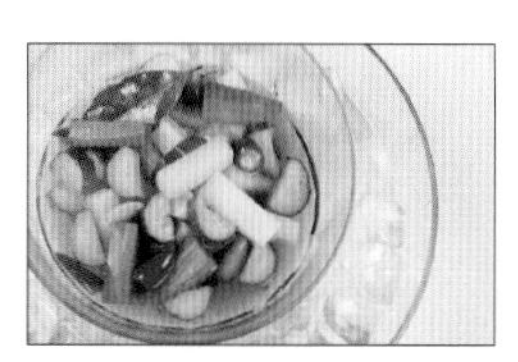

과정 ❹번은 식초 : 황설탕 : 물 = 1 : 1 : 1의 비율로 섞으면 된다.
식힐 시간이 부족하다면, 얼음을 활용하면 된다. 완성된 피클이 담긴 그릇을 얼음 속에 넣어서 식히자.

즉석떡볶이

POINT

이번에는 온 가족이 함께 즐길 수 있는
즉석떡볶이 조리법이다.
다양한 재료를 넣을 수 있어
든든한 한 끼 식사로도 손색이 없는
떡볶이다.

재료 (4인분)

떡볶이떡 2컵 (320g)	**사각어묵** 2장 (100g)
달걀 2개	**대파** 1대(100g)
소시지 2개 (95g)	**양배추** $\frac{1}{10}$통 (240g)
쫄면사리 2컵 (110g)	**당근** $\frac{1}{8}$개 (약 34g)
라면사리 $\frac{1}{2}$개 (55g)	**양파** $\frac{1}{2}$개 (125g)
만두 8개	**물** $4\frac{1}{2}$컵 (810ml)

양념장 (4 컵 분량)

고추장 $\frac{2}{3}$컵 (156g)	**황설탕** 1컵 (140g)
굵은 고춧가루 1컵 (90g)	**물** 1컵 (180ml)
진간장 $\frac{1}{2}$컵 (90ml)	

진한 국물 색을 원한다면 춘장을 섞으면 된다. 모짜렐라치즈나 체다치즈를 넣어서 먹어도 맛있다. 다만, 치즈와 쫄면은 바닥에 눌어붙기 때문에 재료를 더 이상 추가하고 싶지 않을 때 넣어야 한다.
국물이 자작하게 남았을 때 밥과 신김치를 넣고 비벼 먹어도 좋다.

1
볼에 황설탕, 굵은 고춧가루, 고추장, 진간장, 물 1컵을 넣고 섞어서 양념장을 만든다.

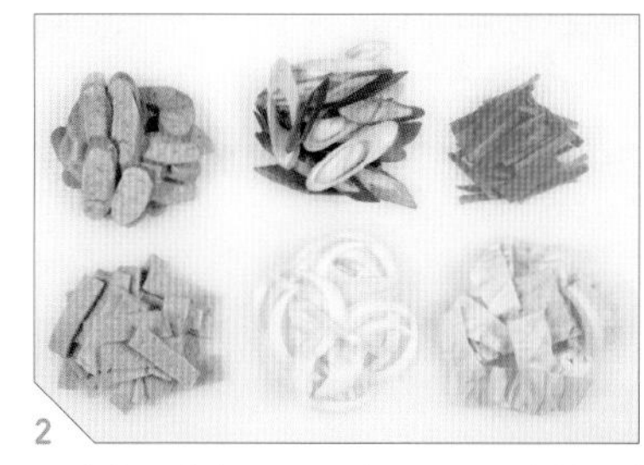

2
소시지는 길이 4cm, 두께 0.7cm로, 대파는 길이 5cm, 두께 1cm로 어슷 썬다. 당근과 양파는 0.5cm 두께로 채 썰고, 어묵은 두께 1.5cm, 길이 5cm로 썬다. 양배추는 두께 2cm, 길이 5cm로 썬다.

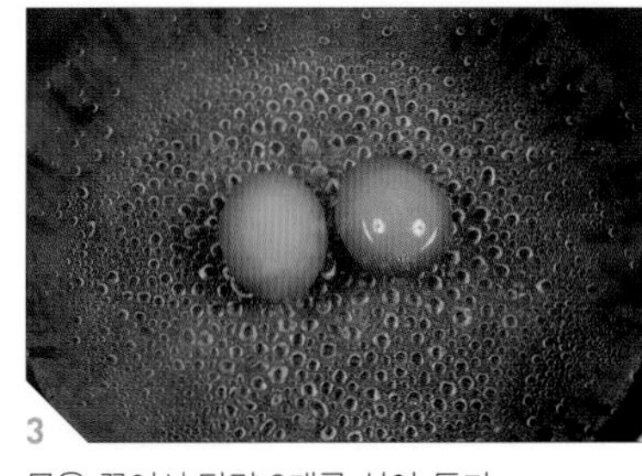

3
물을 끓여서 달걀 2개를 삶아 둔다.

4
전골냄비 바닥에 만두를 4개 깔고, 양배추, 양파, 당근, 어묵, 남은 만두 4개, 라면사리, 소시지, 떡볶이떡을 먹음직스럽게 넣는다.

5
양념장 1컵을 넣고, 삶은 달걀을 올린 후 물 $4\frac{1}{2}$컵을 붓고 강불에서 끓인다.

6
국물이 끓기 시작하면 바닥에 깔았던 만두를 주걱으로 2등분한다.

7
떡이 밑에 눌어붙지 않도록 주걱으로 저어 주며 쫄면사리를 넣는다.

8
익은 것부터 순서대로 먹는다.

오믈렛

POINT

오믈렛은 의외로 모양을 내기가 어려운 요리다.
예쁜 모양을 내기 위해서는
달걀 이외의 재료를 생각보다
매우 소량 넣는다고 생각하면 된다.

달걀 요리를 할 때는 항상 달걀을 작은 볼에 미리 깨 놓고 사용하는 습관을 가지는 것이 좋다. 그리고 달걀은 뾰족한 부분이 아래로 가게 보관해야 숨구멍이 위로 가서 신선도를 오래 유지할 수 있다는 것도 기억해 두자. 오믈렛은 그 위에 토마토케첩을 뿌려 먹으면 더 맛있다.

달걀 3개
햄 $\frac{1}{2}$큰술 (5g)
새송이버섯 $\frac{1}{2}$큰술 (2g)
양파 $\frac{1}{2}$큰술 (6g)
당근 $\frac{1}{2}$큰술 (3g)
슬라이스 체다치즈 $\frac{1}{2}$장(10g)
꽃소금 약간
황설탕 약간
식용유 4큰술

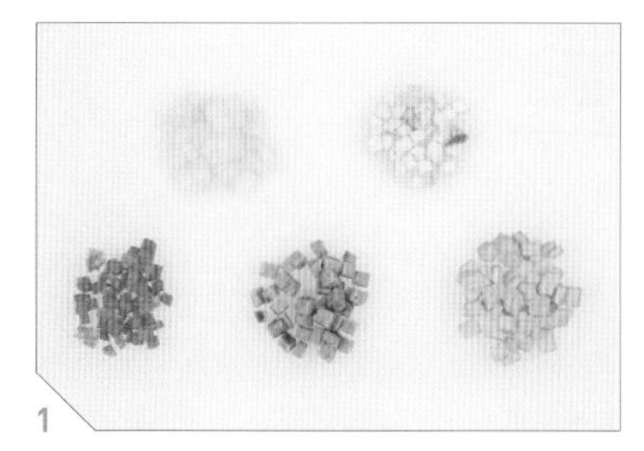

1 양파, 새송이버섯, 당근, 햄, 치즈를 사방 0.5cm 크기의 주사위 모양으로 썬다.

2 작은 볼에 달걀을 넣고, 꽃소금과 황설탕을 넣는다.

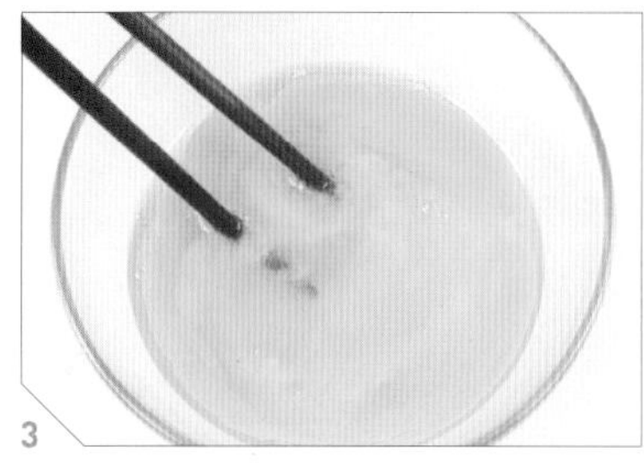

3 달걀을 젓가락으로 잘 저어 달걀물을 만든다.

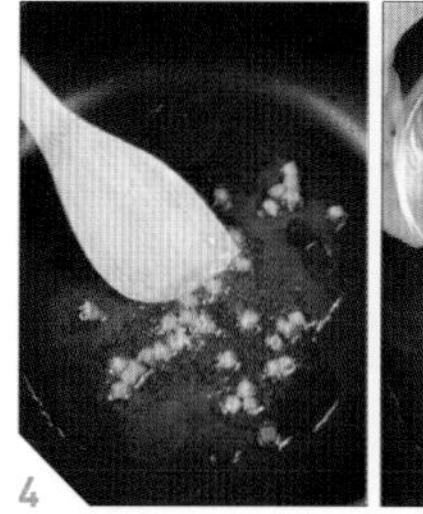

4 팬에 식용유를 두르고 중불에서 달군 후 햄을 넣고 볶는다. 햄이 볶아지면 양파, 당근, 새송이버섯을 넣고 볶는다.

5 채소가 볶아지면 달걀물을 넣고, 젓가락으로 달걀을 휘휘 저으며 익힌다.

6 달걀이 뭉쳐 익기 시작하면 달걀 위에 치즈를 올린다.

모양이 찢어지는 건 신경 쓰지 말고 밀어서 반달 모양으로 만들자.

7 팬을 기울이며, 젓가락으로 달걀을 아래로 밀어 반달 모양을 만든다.

오믈렛 접시에 담기

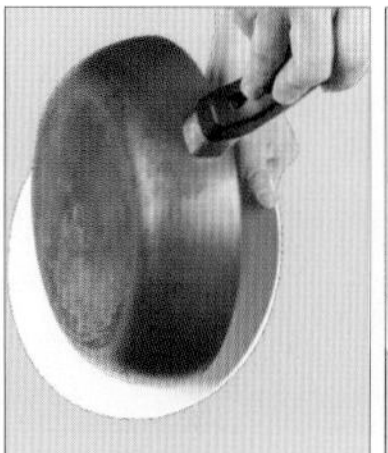

8 접시 끝과 팬 끝을 맞춘 후 팬에 접시를 받치고, 오믈렛이 접시에 뒤집히게 담아 모양을 만들어서 완성한다.

길거리토스트

POINT

남녀노소 누구나 사랑하는
버스 정류장 길거리토스트를 집에서!
포인트는 채소 양을 생각보다 적게 하는 것이다.

길거리토스트 1인분에 적당한 채소의 양은 다 모았을 때 종이컵 하나에 꽉 차는 정도다. 재료를 많이 넣으면 실패할 확률이 높아지므로 생각보다 적게 넣는다고 생각하고 만들자.

재료(4인분)

식빵 8장
달걀 8개
대파 $1\frac{1}{3}$대 (약 133g)
양배추 $2\frac{2}{5}$컵 (144g)
당근 6큰술 (36g)
버터 80g
(식빵 굽기용 40g, 달걀 부침용 40g)
꽃소금 약간
황설탕 2큰술
토마토케첩 4큰술

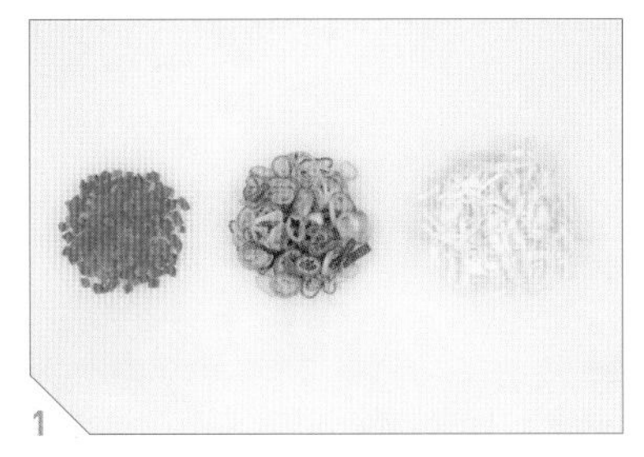

1
당근은 사방 0.5cm 크기로 잘게 썰고, 대파는 0.3cm 두께로 얇게 썬다. 양배추는 0.5cm 두께로 채 썬다.

2
볼에 달걀과 꽃소금을 넣고 잘 섞는다.

3
잘 섞인 달걀물에 썰어 둔 당근, 대파, 양배추를 넣고 잘 섞는다.

4
넓은 팬을 달궈서 버터 40g을 녹인 후, 달걀부침 재료를 넣고 약불에서 익힌다.

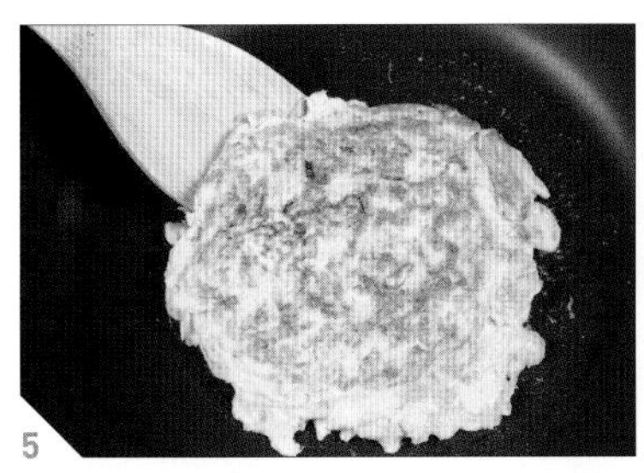

5
달걀부침을 노릇노릇하게 앞뒤로 익혀서 그릇에 담아 둔다.

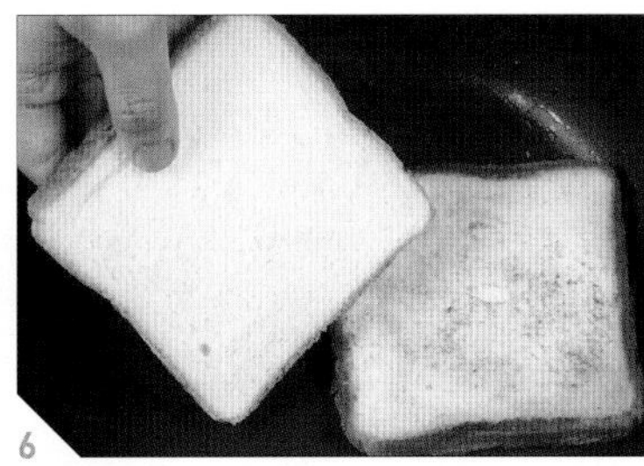

6
넓은 팬에 다시 버터 40g을 녹인 후, 약불에서 빵을 앞뒤로 노릇노릇하게 굽는다.

7
불을 끄고, 빵 위에 달걀부침을 올린다.

8
가위로 빵 크기대로 달걀부침을 자른다. 잘라 낸 달걀부침은 다시 위로 올린다.

9
토마토케첩과 황설탕을 뿌린다.

10
위쪽 빵을 덮은 후, 팬에서 꺼내 먹기 좋은 크기로 잘라서 완성한다.

롤토스트

POINT

아이들 파티 음식으로 내놓아도 손색 없는
예쁜 비주얼과 맛을 자랑하는 토스트다.
만드는 방법도 의외로 간단하니
특별한 날에 부담 없이 도전해 보자.

과정 ❶번은 달걀 : 우유 = 4 : 1의 비율로 섞으면 된다.
옆의 사진처럼 초코잼과 얇게 썬 과일을 넣고 말아서 만들 수도 있다.

식빵 12장
달걀 3개
우유 $\frac{1}{5}$컵 (36ml)
딸기잼 8큰술
버터 50g
황설탕 2큰술
계핏가루 약간

1 볼에 달걀과 우유를 넣고 잘 섞는다.

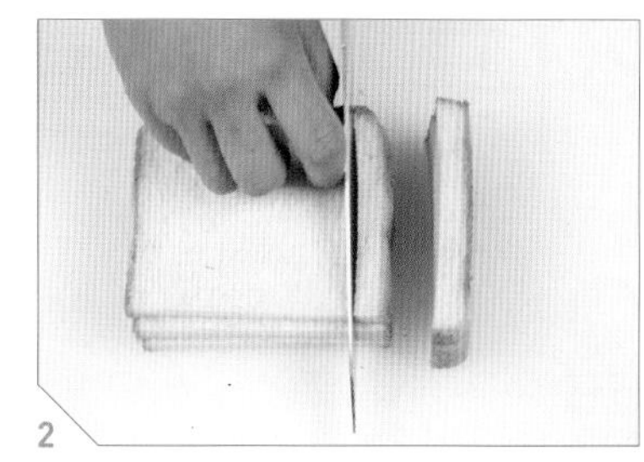

2 식빵 모서리를 사방 1cm 폭으로 잘라 낸다.

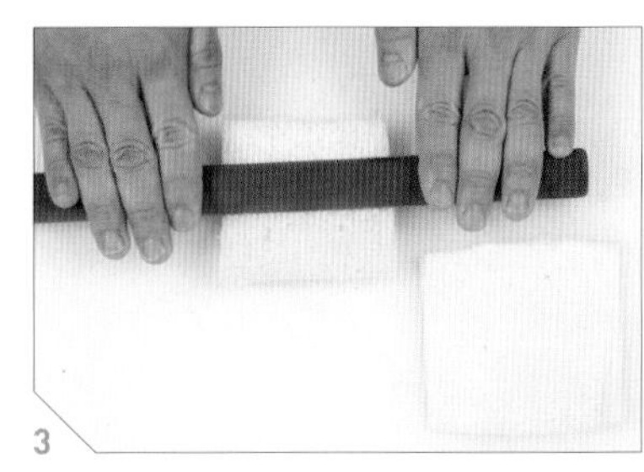

3 밀대나 병으로 빵을 밀어서 납작하게 만든다.

4 납작해진 빵에 딸기잼을 골고루 펴 바른다.

5 딸기잼이 발린 빵을 돌돌 만다.

6 돌돌 만 빵을 달걀물에 넣고 흠뻑 적신다.

7 넓은 팬에 버터를 약불에서 녹인다.

8 빵을 팬에 올려 굴려 가며 노릇노릇하게 굽는다.

9 볼에 황설탕과 계핏가루를 넣고 섞어 설탕가루를 만든다.

10 완성된 롤토스트 위에 설탕가루를 뿌려서 완성한다.

어묵토스트

어느 곳에서도 볼 수 없었던 비장의 토스트!
새우버거와 비슷한 맛이 나는
초간단 토스트 조리법을 소개한다.

재료(4인분)

식빵 8장
양파 $\frac{2}{3}$개 (약 167g)
사각어묵 4장 (200g)
단무지(반달 슬라이스) 24장 (80g)
버터 40g
마요네즈 12큰술
식용유 4큰술

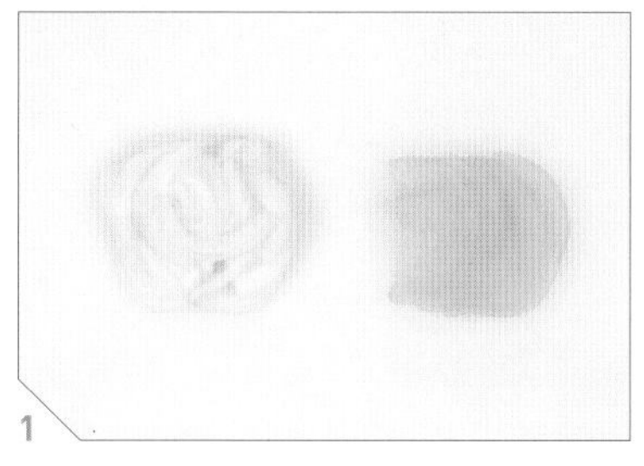

1 양파는 0.3cm 두께로 얇게 채 썰고, 단무지도 0.3cm 두께로 얇게 썬다.

2 넓은 팬에 버터를 넣어 약불에서 녹인 후 식빵을 앞뒤로 노릇노릇하게 구워서 접시에 담아 둔다.

3 넓은 팬에 식용유를 두르고, 약불에서 어묵을 앞뒤로 노릇노릇하게 굽는다.

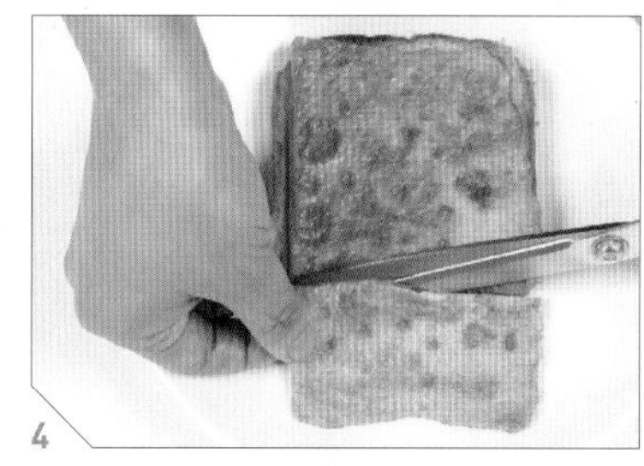

4 빵 위에 구운 어묵을 올리고, 빵 크기대로 가위로 자른다. 잘라 낸 어묵은 다시 구운 어묵 위로 올린다.

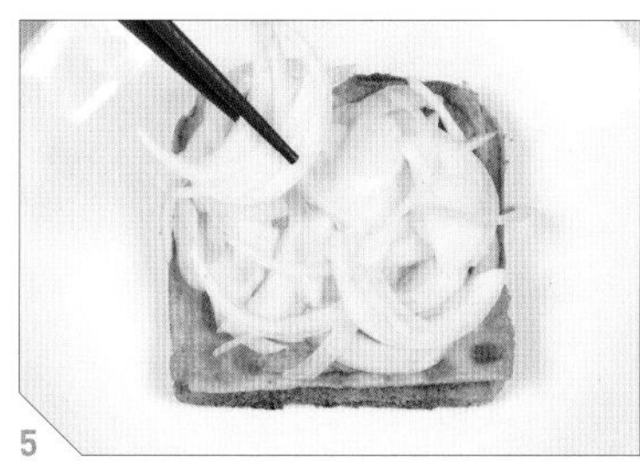

5 구운 어묵 위에 얇게 썬 양파를 올린다.

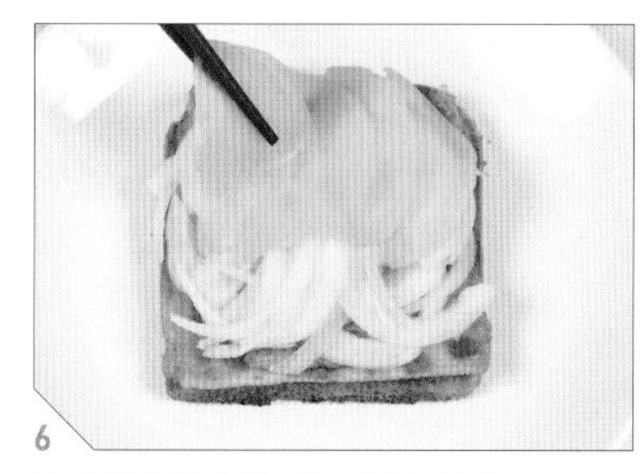

6 양파 위에 얇게 썬 단무지를 올린다.

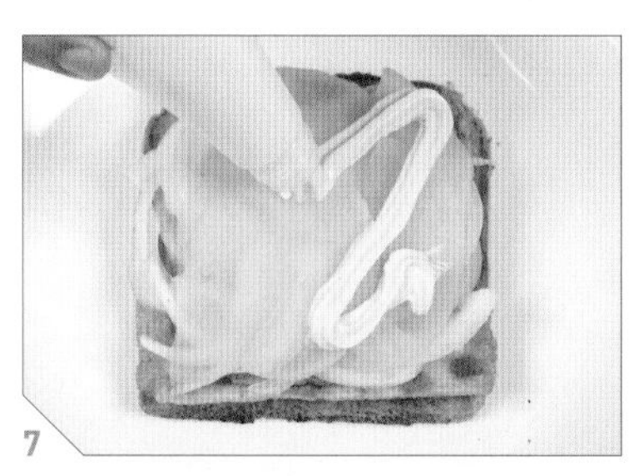

7 단무지 위에 마요네즈를 골고루 뿌린다.

8 위쪽 빵을 덮은 후, 도마에 옮겨 먹기 좋은 크기로 잘라서 완성한다.

단무지는 최대한 얇게 썰어서 사용하는 것이 좋다. 그러나 이미 두껍게 썰어진 단무지를 구입했다면, 단무지를 양파 위에 올릴 때 더 듬성듬성 올리면 된다.

Paik Jong Wo
The Bon

찾아보기

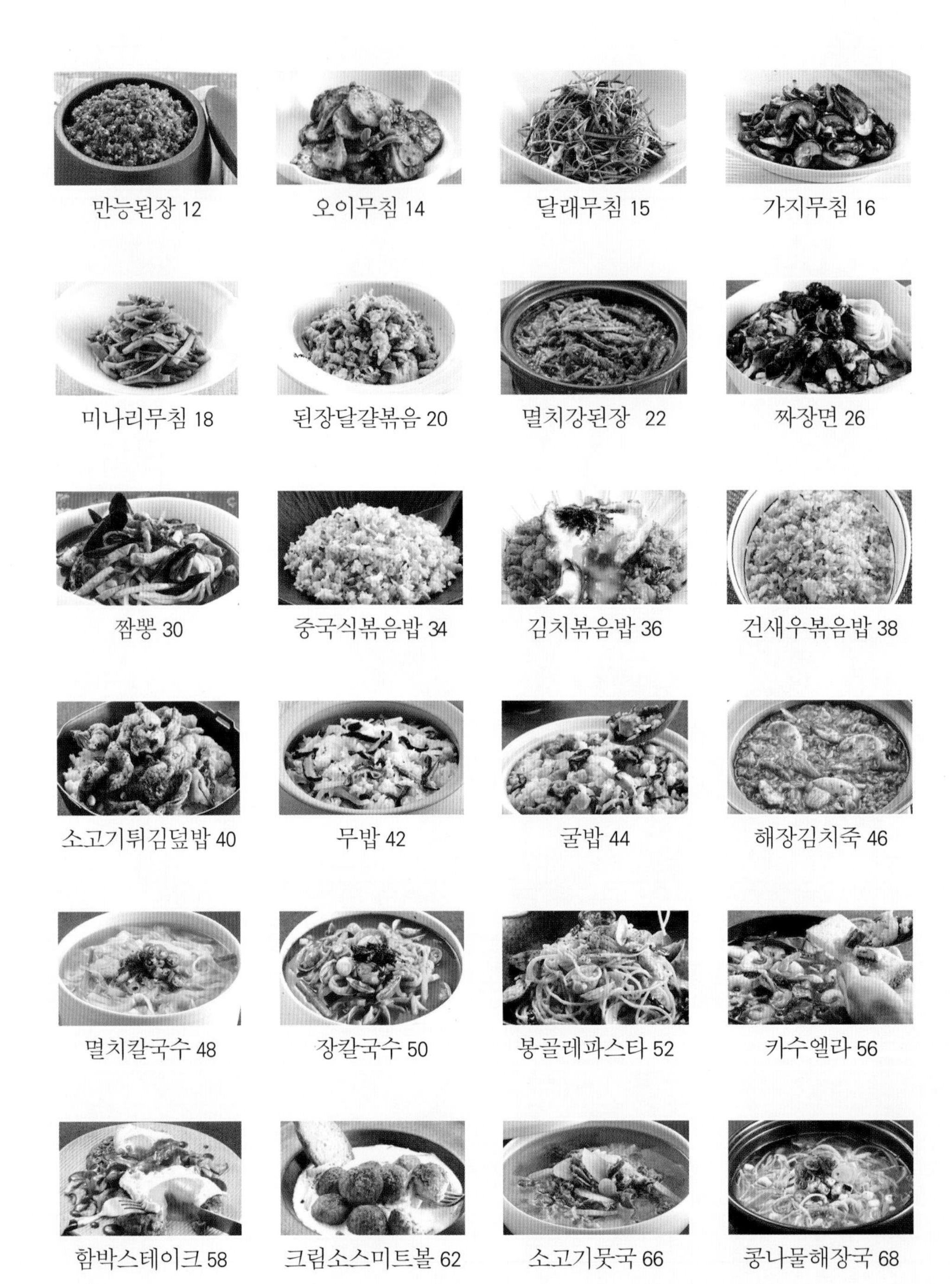